建设工程预算员速查速算便携手册丛书

钢结构工程预算员速查速算便携手册

（第二版）

焦 红 编著

U0286430

中国建筑工业出版社

图书在版编目（CIP）数据

钢结构工程预算员速查速算便携手册/焦红编著. —2版. —北京：中国建筑工业出版社，2014.10
（建设工程预算员速查速算便携手册丛书）
ISBN 978-7-112-17436-2

Ⅰ.①钢… Ⅱ.①焦… Ⅲ.①钢结构-建筑工程-建筑预算定额-技术手册 Ⅳ.①TU723.3-62

中国版本图书馆 CIP 数据核字（2014）第 256366 号

建设工程预算员速查速算便携手册丛书
钢结构工程预算员速查速算便携手册
（第二版）
焦 红 编著

*

中国建筑工业出版社出版、发行（北京西郊百万庄）
各地新华书店、建筑书店经销
北京红光制版公司制版
北京中科印刷有限公司印刷

*

开本：850×1168 毫米 1/64 印张：3½ 插页：2 字数：95 千字
2014 年 12 月第二版 2014 年 12 月第二次印刷
定价：**16.00** 元
ISBN 978-7-112-17436-2
（26213）

本书的主要内容包括：钢结构常用结构形式及其材料、钢结构工程结构施工图制图规则、钢结构工程清单项目设置及计算规则、钢结构工程预算常用型钢规格及重量表、钢结构工程围护系统及其他配件。根据钢结构工程造价的基本规律，旨在提高从事钢结构工程的技术人员快速、准确编制钢结构工程造价文件的能力。

本书主要用于从事建筑工程钢结构造价专业技术人员的专业工具用书，也可作为与本专业相关技术人员速查、速算钢结构技术参数的简明计算手册。

* * *

责任编辑：郭　栋　岳建光　张　磊
责任设计：李志立
责任校对：李欣慰　党　蕾

第二版前言

当前，建筑结构朝着大跨度、超高层的方向发展，由此钢结构工程大量涌现。由于种种原因，从事建筑工程钢结构专业的从业人员迫切需要一本有关钢结构工程专业方面汇总的各种技术参数的简明便携手册，以便快速、准确地进行钢结构工程的技术处理工作，鉴于此，我们编写了本书，希望为我国钢结构工程技术的蓬勃发展尽微薄之力。

第二版的主要内容：钢结构常用结构形式及其材料、钢结构工程结构施工图制图规则、钢结构工程清单项目设置及计算规则、钢结构工程预算常用型钢规格及重量表、钢结构工程围护系统及其他配件。根据钢结构工程造价的基本规律，旨在提高从事钢结构工程的技术人员快速、准确编制钢结构工程造价文件的能力。

第二版在题材内容上涉及面广，基本满足目前钢结构工程各种技术数据处理的需求，特别是钢结构工程造价方面的需求。

本书主要用于从事建筑工程钢结构造价专业技术人员的专业工具用书，也可作为与本专业相关技术人员速查、速算钢结构技术参数的简明计算手册。

参加编写本书的作者具有丰富的工程实践经验，同时还工作在教学一线，从事建筑工程教学二十几年，积累了大量的教学经验。全书由山东建筑大学焦红主编，山东建筑大学王松岩副主编。在编写过程中，得到山东建筑大学土木学院研究生姚怀峰的帮助，在此表示感谢。

由于《建设工程工程量清单计价规范》GB 50500—2013 和《房屋建筑与装饰工程工程量计算规范》GB 50854—2013 的颁布，应广大读者的要求，编者做了必要的修订。

限于编者水平有限，不足之处在所难免，真诚的希望读者提出宝贵意见。

目　录

第1章　钢结构常用结构形式及其材料

随着建筑结构向超高层及大跨方向的发展，钢结构工程在高层建筑及桥梁中的应用越来越多。钢结构的抗拉、抗压强度都很高，构件断面小，自重较轻，结构性能好，所以它适用于多种结构形式，如刚架、网架、钢框架、钢桁架、拱、悬索等，应用非常广泛。用作钢结构的材料，必须具有较高的强度、塑性韧性较好、适宜于冷加工和热加工，同时必须具有很好的可焊性。

1.1　门式刚架及其基本构造

在工业发达国家，门式刚架轻型房屋已经发展数十年，目前已广泛地应用于各种房屋中。近年来，随着我国《门式刚架轻型房屋钢结构技术规程》（CEC S 102：2002）（2012年版）的颁布与修订完善，我国也开始较多地采用这种结构。

1. 门式刚架结构形式简介

门式刚架分为单跨（图 1-1*a*）、双跨（图 1-1*b*）、多跨（图 1-1*c*）刚架以及带挑檐的（图 1-1*d*）和带披屋的（图 1-1*e*）刚架等形式。多跨刚架中间柱与刚架斜梁的连接，可采用铰接（俗称摇摆柱）。多跨刚架宜采用双坡或单坡屋盖（图 1-1*f*），必要时也可采用由多个双坡单跨相连的多跨刚架形式。

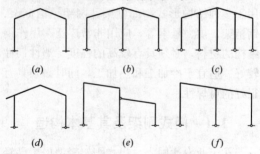

图 1-1 门式刚架的形式

2. 门式刚架的构造

在门式刚架轻型房屋钢结构体系中，屋盖

应采用压型钢板屋面板和冷弯薄壁型钢檩条，主刚架可采用变截面实腹刚架，外墙宜采用压型钢板墙板和冷弯薄壁型钢墙梁，也可采用砌体外墙或底部为砌体、上部为轻质材料的外墙。门式刚架为平面结构体系，为保证结构的整体性、稳定性及空间刚度，在每榀刚架间应由纵向构件或支撑系统连接。主刚架斜梁下翼缘和刚架柱内翼缘的平面外稳定性，由与檩条或墙梁相连接的隅撑来保证；主刚架间的交叉支撑可采用张紧的圆钢。门式刚架轻型房屋钢结构构造详见图 1-2 所示，目前有檩体系为常用。

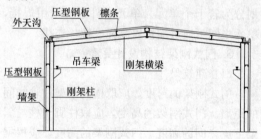

图 1-2 门式刚架的构造设计

单层门式刚架轻型房屋可采用隔热卷衬做屋盖隔热和保温层，也可以采用带隔热层的板材作屋面。根据跨度、高度及荷载不同，门式刚架的梁、柱可采用变截面或等截面的实腹焊接 H 形截面或轧制 H 形截面。设有桥式吊车时，柱宜采用等截面构件。变截面构件通常改变腹板的高度，做成楔形，必要时也可以改变腹板厚度。结构构件在运输单元内一般不改变翼缘截面，必要时可改变翼缘厚度，邻接的运输单元可采用不同的翼缘截面。

门式刚架可由多个梁、柱单元构件组成，柱一般为单独单元构件，斜梁可根据运输条件划分为若干个单元。单元构件本身采用焊接，单元之间可通过端板以高强度螺栓连接。

3. 门式刚架结构设计要素

（1）建筑尺寸

门式刚架的跨度，应取横向刚架柱轴线间的距离。门式刚架的高度，应取柱脚至柱与斜梁上皮之间的高度。门式刚架的高度，应根据使用要求的室内净高确定，设有吊车的厂房应根据轨顶标高和吊车的净高要求而定。柱的轴线可取通过柱下端（较小端）中心的竖向直线；工业建筑边柱的定位轴线宜取柱外皮；斜梁的轴线可取斜梁上表面平行的轴线。

门式刚架的跨度，宜为 9～36m，以 3m 为模数。边柱的宽度不相等时，其外侧要对齐。门式刚架的高度，宜为 4.5～9.0m，必要时可适当加大。门式刚架的间距，即柱网轴线在纵向的距离宜为 6m，也可采用 7.5～9m，最大可采用 12m。跨度较小时可用 4.5m。

（2）结构平面布置

门式刚架轻型房屋钢结构的纵向温度区段长度不大于 300m，横向温度区段长度不大于 150m。当需要设置伸缩缝时，可在搭接檩条的螺栓连接处采用长圆孔并使该处屋面板在构造上允许胀缩；或者设置双柱。在多跨刚架局部抽掉中柱处，可布置托架。山墙处可设置由斜梁、抗风柱和墙架组成的山墙墙架，或直接采用门式刚架。

（3）墙梁布置

墙梁即墙檩，主要作用是承受墙板传来的水平风荷载。门式刚架轻型房屋钢结构的侧墙，在采用压型钢板作围护面时，墙梁宜布置在刚架柱的外侧，其间距随墙板板型及规格而定，但不应大于计算确定的值。外墙在抗震设防烈度不高于 6 度的情况下，可采用砌体；当为 7 度、8 度时，不宜采用嵌砖砌体；9 度时宜采用与柱柔性连接的轻质墙板。

（4）支撑布置

在每个温度区段或者分期建设的区段中，应分别设置能独立构成空间稳定结构的支撑体系。柱间支撑的间距根据安装条件确定，一般取 30～40m，不大于 60m。房屋高度较大时，柱间支撑要分层设置。在设置柱间支撑的开间，应同时设置屋盖横向支撑以组成几何不变体系。端部支撑宜设在温度区段端部的第二个开间，这种情况下，在第一开间的相应位置宜设置刚性系杆。刚架转折处（如柱顶和屋脊）也宜设置刚性系杆。

由支撑斜杆等组成的水平桁架，其直腹杆宜按刚性系杆考虑，可由檩条兼作；若刚度或承载力不足，可在刚架斜梁间设置钢管、H型钢或其他截面形式的杆件。

门式刚架轻型房屋钢结构的支撑，宜采用张紧的十字交叉圆钢组成，用特制的连接件与梁柱腹板相连；有吊车时宜采用单角钢或双角钢。连接件应能适应不同的夹角。圆钢端部应有丝扣，校正定位后将拉条张紧固定。

4. 门式刚架围护结构

门式刚架围护结构，按其是否需要保温，分为单层彩色压型钢板（简称单层彩钢板）、复合彩色压型钢板。

（1）单层彩色压型钢板

彩色压型板是采用彩色涂层钢板，经辊压冷弯成各种波形的压型板，它适用于工业与民用建筑、仓库、特种建筑、大跨度钢结构房屋的屋面、墙面以及内外墙装饰等，具有质轻、高强、色泽丰富、施工方便快捷、抗震、防火、防雨、寿命长、免维护等特点，现已被广泛推广应用，如图1-3所示。

（2）聚苯乙烯泡沫夹芯板（简称EPS夹芯板）

聚苯乙烯泡沫夹芯板是由彩色钢板作表层，闭孔自熄型聚苯乙烯泡沫做芯材，通过自

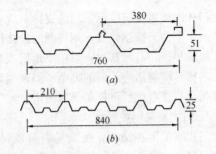

图 1-3　彩色压型板

(a) 屋面板；(b) 墙板

动化连续成型机将彩色钢板压型后用高强度胶粘剂粘合而成的一种高效新型复合建筑材料，主要适用于公共建筑、工业厂房的屋面、墙壁和洁净厂房以及组合冷库、楼房接层、商亭等，它具有保温、防水一次完成，施工速度快、经久耐用、美观大方等特点。目前生产的聚苯乙烯泡沫塑料夹芯板分为拼接式、插接式、隐藏式和咬口式、阶梯式等多种形式。聚苯乙烯泡沫夹芯由厚度、聚苯乙烯泡沫表观密度等指标来控制其保温效果。

（3）彩色钢板玻璃棉夹芯板

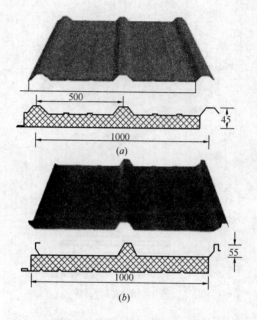

图 1-4 聚苯乙烯泡沫夹芯板
(a) 屋面板；(b) 墙板

　　彩色钢板玻璃棉夹芯板是上下两层彩色压型钢板通过龙骨和玻璃棉组合而成，分为屋面用板和墙面用板两类。玻璃棉夹芯由厚度、玻

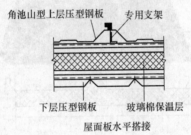

角池山型上层压型钢板　专用支架

下层压型钢板　玻璃棉保温层

屋面板水平搭接

图 1-5　彩色钢板玻璃棉夹芯板

璃棉表观密度等指标来控制其保温效果。挂网式玻璃棉夹芯板是用不锈钢丝代替下层彩色压型钢板的一种新型保温屋面材料。玻璃棉夹芯板具有良好的防火性能，广泛适用于大型公共

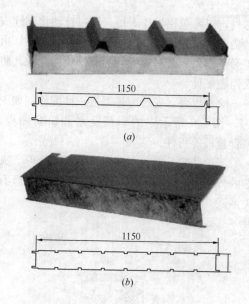

1150

(a)

1150

(b)

图 1-6　彩色岩棉夹芯板
(a) 屋面板；*(b)* 墙板

建筑、工业厂房及其他建筑的墙面和屋面。这是一种现场复合板。

（4）彩色岩棉夹芯板

彩色岩棉夹芯板是用立丝状纤维的岩棉做

芯材，以彩色钢板作表层，通过自动化连续成型机，经压型后用高强度胶粘剂粘合而成。由于彩色钢板和芯材岩棉均为非燃烧体，故其防火性能极佳。

除板以外，安装时还需要一些配件，如图1-7～图1-9所示中的彩板泛水和窗套侧板、屋脊盖板等折件。

围护结构的造价与其制作钢板的板厚、夹芯的厚度和表观密度、板型的选用，都有关系。

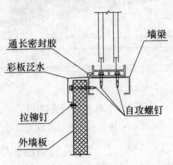

图1-7　窗套下部详图

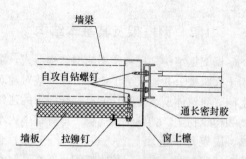

图 1-8　窗套侧板详图

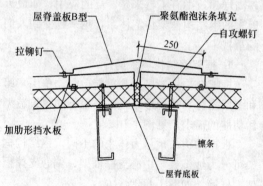

图 1-9　屋脊详图

1.2 钢框架及其基本结构

框架钢结构是一种常用的钢结构形式，多用于大跨度公共建筑、工业厂房和一些对建筑空间、建筑体型、建筑功能有特殊要求的建筑物和构筑物中，如剧院、商场、体育馆、火车站、展览厅、造船厂、飞机厂、停车库、仓库、工业车间、电厂锅炉刚架等，并在高层和超高层建筑中有了越来越广泛的应用，如最近以来的钢结构框架住宅体系，越来越受到人们的重视。

1. 框架钢结构体系简介

框架结构一般可分为单层单跨、单层多跨和多层多跨等结构形式，以满足不同建筑造型和功能的需求。见图 1-10。

根据结构的抗侧力体系的不同，钢结构框架可分为纯框架、中心支撑框架、偏心支撑框架、框筒，如图 1-11 所示。

纯框架结构延性好，但抗侧力刚度较差；中心支撑框架通过支撑提高框架的刚度，但支撑受压会屈曲，支撑屈曲将导致原结构的承载

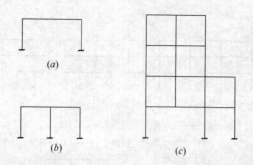

图 1-10　不同层、跨形态的框架结构

（a）单层单跨；（b）单层多跨；（c）多层多跨

力降低；偏心支撑框架可通过偏心梁段剪切屈服限制支撑的受压屈曲，从而保证结构具有稳定的承载力和良好的耗能性能，而结构侧向刚度介于纯框架和中心支撑框架之间；框筒实际上是密柱框架结构，由于梁跨小、刚度大，使周围柱近似构成一个整体受弯的薄壁筒体，具有较大的抗侧刚度和承载力，因而框筒结构多用于高层建筑。

2. 钢框架外围护结构的构造

钢框架结构因为钢梁、钢柱截面小，墙板一般采用预制板材。预制板材主要有钢板、挤

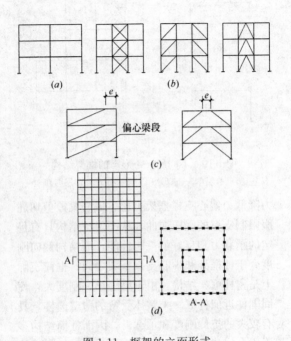

图 1-11　框架的立面形式

(a) 纯框架结构；(b) 各种中心支撑框架结构；

(c) 偏心支撑框架结构；(d) 框架结构

压铝板、以钢板为基材的铝材罩面的复合板、夹心板、预制轻混凝土大板等。各种墙板的夹层或内侧应配有隔热保温材料，并由密封材料保证墙体的水密性。墙板通过连接件与楼板或直接与框架梁、柱连接。当墙板直接与框架梁柱连接时，不仅满足建筑维护、防水和美观要求，而且由于墙板对框架梁柱的加劲作用，在一定程度上可以提高结构和构件的刚度，减小结构位移。

现代多层民用钢结构建筑外墙面积相当于总建筑面积的 30%～40%，施工量大，且高空作业，故难度大，建筑速度缓慢；同时出于美观要求，耐久性要求和减轻建筑物自重等因素的考虑，外围护墙已走上了采取标准化、定型化、预制装配、多种材料复合等构造方式，多采用轻质薄壁和高档饰面材料，幕墙就是其中的主要一种类型。

幕墙是悬挂于骨架结构上的外围护墙，除承受风荷载外，不承受其他外来荷载，并通过连接固定体系将其自重和风荷载传递给骨架结构。却控制着光线、空气、热量等内外交流，幕墙按材料区分为轻质混凝土悬挂板、玻璃、金属、石板材等幕墙。

目前国内的装配式轻质混凝土墙板可分为两大体系：一类为基本是单一材料制成的墙板，如高性能 NALC 板，即配筋加气混凝土条板，该板具有较良好的承载、保温、防水、耐火、易加工等综合性能。另一类为复合夹芯墙板，该板内外侧为强度较高的板材，中间设置聚苯乙烯或矿棉等芯材，其种类较多。如天津大学等单位研究的 CS 板，即由两片钢丝网，中间夹 60～80mm 的聚苯乙烯板，并配置斜插焊接钢丝，形成主体骨架，后在两侧面浇筑细石混凝土，其保温、隔热、防渗、强度和刚度等均能达到规范要求。

砌块墙也是钢结构常用的一种墙体做法。砌块包括加气混凝土砌块、泡沫混凝土砌块等，与混凝土结构中的做法一样。砌块墙与钢柱的拉结，与混凝土结构相同。由于钢梁钢柱的截面的特殊性（如 H 形），所以这种墙体需要大量的补空，不便于施工，应用上受到局限。

3. 楼板构造

钢框架结构的楼盖按楼板形式分类，一般有三种主要形式：

（1）现浇钢筋混凝土组合楼盖

这类组合楼盖楼面刚度较大，但由于在现场浇筑混凝土板，施工工序复杂，需要搭设脚手架，安装模板和支架，绑扎钢筋，浇筑混凝土及拆模等作业，施工进度慢。

（2）压型钢板—混凝土板组合楼盖

压型钢板—混凝土板组合楼盖是目前在多层乃至高层钢结构中采用最多的一类，它不仅具备很好的结构性能和合理的施工工序，而且综合经济效益显著。这类组合楼盖有压型钢板—混凝土板、剪力键和钢梁三部分组成。

（3）压型钢板组合楼板

压型钢板组合楼板是利用凹凸相同的压型钢板做衬板，与现浇混凝土浇筑在一起支承在钢架上构成整体型楼板。压型钢板组合楼板主要由面层、组合板和钢梁三部分组成，如图1-12所示。该楼板整体性、耐久性好，并可利用压型钢板肋间的空隙敷设室内电力管线。主

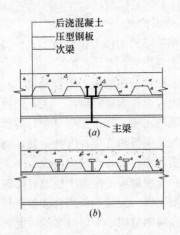

图 1-12　组合楼盖的类型

(a) 压型钢板楼板的组合梁；肋平行于钢梁；

(b) 压型钢板楼板的组合梁；肋垂直于钢梁

要适用于大空间、多高层民用建筑和大跨度工业厂房中。

压型钢板组合楼板按压型钢板的形式不同有单层压型钢板组合楼板和双层压型钢板组合楼板两种，如图 1-13 所示。

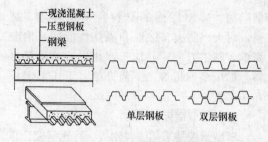

图 1-13　压型板混凝土组合楼板

4. 屋顶的构造

屋顶是房屋最上层覆盖的外围护构件。它主要有两方面的作用：一是防御自然界的风、雨、雪、太阳辐射热和冬季低温等的影响，使屋顶覆盖下的空间有一个良好的使用环境。因此，屋顶在构造设计时应满足防水、保温、隔热、隔声、防火等要求；二是承受作用于屋顶上的风荷载、雪荷载和屋顶自重等，同时，还起着对房屋上部的水平支撑作用。所以，要求屋顶在构造设计时，还应保证屋顶构件的承载力、刚度和整体空间的稳定性。

为了减小承重结构的截面尺寸、节约钢材，除个别有特殊要求者外，首先应采用轻型屋面。轻型屋面的材料宜采用轻质、高强，耐火、防火、保温和隔热性能好，构造简单，施工方便，并能工业化生产的建筑材料。如压型钢板等。下面介绍一下压型钢板和夹芯板。

(1) 压型钢板

压型钢板是采用镀锌钢板、冷轧钢板、彩色钢板等作原料，经辊压冷弯成各种波形的压型板，具有轻质高强、美观耐用、施工简便、抗震防火的特点。它的加工和安装已做到标准化、工厂化、装配化。

我国的压型钢板是由中冶集团建筑研究总院首先开发研制成功的，至今已有十多年历史。目前已有《建筑用压型钢板》(GB/T 12755—2008)和《压型金属板设计施工规程》(YBJ 216—1988)，并已正式列入《冷弯薄壁型钢结构技术规范》(GB 50018—2002)中使用。

压型钢板的截面呈波形，从单波到6波，板宽 360～900mm。大波为2波，波高 75～130mm，小波(4～7波)波高 14～38mm，中波波高达 51mm。板厚 0.6～1.6mm（一般可用 0.6～1.0mm）。压型钢板的最大允许檩距，可根据支承条件、荷载及芯板厚度，由产品规格中选用。

压型钢板的质量为 $0.07～0.14kN/m^2$。分长尺和短尺两种。一般采用长尺，板的纵向可不搭接，适用于平坡屋顶。

（2）夹芯板

实际上这是一种保温和隔热与面板一次成型的双层压型钢板。由于保温和隔热芯材的存在，芯材的上、下均需加设钢板。上层为小波的压型钢板，下层为小肋的平板。芯材可采用聚氨酯、聚苯或岩棉，芯材与上下面板一次成型。也有在上下两层压型钢板间在现场增设玻璃棉保温和隔热层的做法，但这种做法仍属加设保温层的压型钢板系列。夹芯板的板型，见表 1-1。

夹芯板的重量为 $0.12～0.25kN/m^2$。一般采用长尺，板长不超过 12m，板的纵向可不搭接，也适用于平坡屋顶。

常用夹芯板板型及檩距（单位：m）　　　　表1-1

序号	板型	截面形状 (mm)	板厚 S (mm)	面板厚 (mm)	支撑条件	荷载 (kN/m²) / 檩距 (m)			
						0.5 (0.6)	1.0	1.5	2.0
1	JxB45 -500 -1000	彩色涂层钢板　聚苯乙烯泡沫塑料　适用于：屋面板	75	0.6	简支 / 连续	5.0	3.8	3.1	2.4
			100	0.6	简支 / 连续	5.4	4.0	3.4	2.8
			150	0.6	简支 / 连续	6.5	4.9	4.0	3.3

24

序号	板型	截面形状 (mm)	板厚 S (mm)	面板厚 (mm)	支撑条件	荷载 (kN/m²) / 檩距 (m)			
						0.5 (0.6)	1.0	1.5	2.0
2	JxB42 -333 -1000	1000 适用于：屋面板 S	50	0.5	简支	(4.7)	(3.6)	(3.0)	
					连续	(5.3)	(4.1)	(3.3)	
			60	0.5	简支	(5.0)	(3.9)	(3.1)	
					连续	(5.6)	(4.3)	(3.5)	
			80	0.5	简支	(5.5)	(4.4)	(3.4)	
					连续	(6.2)	(4.8)	(3.9)	

序号	板型	截面形状 (mm)	板厚 S (mm)	面板厚 (mm)	支撑条件	荷载 (kN/m²) / 檩距 (m)			
						0.5 (0.6)	1.0	1.5	2.0
3	JxB -Qy -1000	适用于：墙板	50	0.5	简支	3.4	2.9	2.4	
					连续	3.9	3.4	2.7	
			60	0.5	简支	3.8	3.3	2.6	
					连续	4.4	3.7	3.0	
			80	0.5	简支	4.5	3.7	2.9	
					连续	5.2	4.2	3.3	

26

序号	板型	截面形状(mm)	板厚 S(mm)	面板厚(mm)	支撑条件	荷载 (kN/m²) / 檩距 (m)			
						0.5 (0.6)	1.0	1.5	2.0
4	JxB -Q -1000	彩色涂层钢板　聚苯乙烯　拼接式加芯堵板　S	50	0.5	简支	3.4	2.9	2.4	2.0
					连续	3.9	3.4	3.7	
			60	0.5	简支	3.8	3.3	2.6	
					连续	4.4	3.7	3.0	
			80	0.5	简支	4.5	3.7	2.9	
					连续	5.2	4.2	3.3	

序号	板型	截面形状 (mm)	板厚 S (mm)	面板厚 (mm)	支撑条件	荷载 (kN/m²) / 檩距 (m)			
						0.5 (0.6)	1.0	1.5	2.0
4	J×B -Q -1000	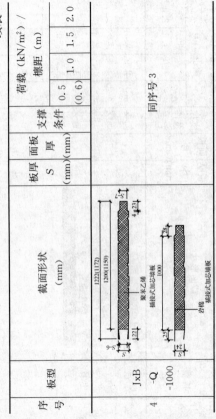				同序号 3			

注 表中屋面板的荷载标准值，已含板自重。墙板为风载标准值。均按挠跨比 1/200 确定檩距，当挠跨比为 1/250 时，表中檩距应乘以系数 0.9。

1.3 钢网架及其基本结构

1. 网架结构形式简介

钢网架的结构质量轻，刚度大，整体效果好，抗震能力强，由很多杆件从两个或多个方向有规律地组成高次超静定空间结构，它改变了一般平面桁架受力体系，能承受来自各方的荷载，见图1-14。构成网架的基本单元有三角锥、三棱体、正方体、截头四角锥等，由这些基本单元可组成平面形状的三边形、四边形、六边形、圆形或其他任何形体。所以钢网架结构的适应性大，既能适用于中小跨度的建筑，也适用于矩形、圆形、扇形及各种多边形的平面建筑形式。钢网架结构取材方便，一般多用 Q235 钢或 Q345 钢，杆件截面形式多采用钢管或型钢。

钢网架由于结构、杆件、节点的规格化，适于工厂化生产，加速了工程的进度，提高了质量。通过多年的实践和发展，钢网架结构的计算及深化设计已有通用的计算机计算程序，制图简单，加上网架具有空间受力、质量轻、刚度大、抗震性能好、外形美观的特点，给我国网架结构的发展提供了有利的条件，如图1-14所示。

图1-14　网架结构实体图

（1）钢网架的特点

1）钢网架结构最大的特点是由于杆件之间的互相支撑作用，刚度大，整体性好，抗震能力强，而且能够承受由于地基不均匀沉降所带来的不利影响。即使在个别杆件受到损伤的情况下，也能自动调节杆件的内力，保持结构的安全。

2）钢网架结构是由很多杆件从两个方向或多个方向有规律的组成高次超静定空间结构，它改变了一般平面桁架受力体系，能承受来自各方面的荷载。

3）钢网架的结构自重轻，节约钢材。如已建成的首都体育馆112.2m×99m×6.0m，用钢量为65kg/m²，北京首都机场航空货运楼

198m×81m×3.2m，用钢量为 25kg/m²，广州新白云国际机场货运站 608m×120.5m×2.397m，用钢量为 32kg/m²。由于钢网架结构的高度较小，可以有效的利用建筑空间。

4）钢网架结构的适用性大，既适用于中小型跨度的工业与民用公共建筑，也适用于大跨度的工业与民用公共建筑。而且从建筑平面的形式来讲，可用于矩形（北京体育馆）、圆形（上海体育馆）、扇形（上海文化馆）、马鞍形（上海体育馆）、飘带形（广州奥林匹克中心）、鱼形（广州会展中心）等。

5）钢网架结构取材方便，一般多采用 Q235 钢或 Q345 钢，杆件多采用高频焊管或无缝钢管或其他钢管。

6）钢网架结构由于它的杆件、螺栓球、焊接球、锥头、高强度螺栓等已标准化、系列化，适于工业化生产。

7）钢网架结构的计算已有通用的计算机程序和软件，具有制作施工图，查看内力、作材料表和网架的安装图等的功能，给钢网架结构的发展提供了有利的条件。

钢网架的缺点是汇交于节点上的杆件数量较多，制作安装较平面结构复杂。

（2）钢网架的结构形式

网架常采用平面桁架和角锥体形式，近年来又成功的研究了三层网架以及周边支承和多点支承相结合的支承形式。

周边支承的网架可分为周边支承在柱上或周边支承在圈梁上两类形式。周边支承在柱上时，柱距可取成网格的模数，将网架直接支承在柱顶上，这种形式一般用于大、中型跨度的网架。周边支承在圈梁上时，它的网格划分比较灵活，适用于中小跨度的网架。

多点支承的网架可分为四点支承的或多点支承的网架：四点支承的网架，宜带悬挑，一般悬挑出中间跨度的 1/3。多点支承的连续跨悬挑出中间跨度的 1/4。这样可减少网架跨中弯矩，改善网架受力行能，节约钢材。多点支承网架可根据使用功能布置支点，一般多用于厂房、仓库、展览厅等建筑。对点支承网架一般受力最大的是柱帽部分，设计施工时，应注意柱帽处的处理。

周边支承和多点支承相结合的网架多用于厂房结构。三边支承的网架多用于机库和船体装配车间，一般在自由边处加反梁或设托梁。

网架结构常用形式，如图1-15所示。

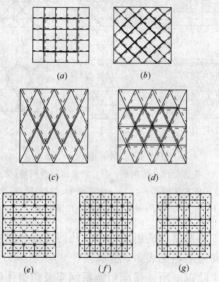

图 1-15　网架形式（一）

（a）两向正交正放网架；（b）两向正交斜放网架；（c）两向斜交斜放网架；（d）三向网架；（e）单向折线形网架；（f）正放四角锥网架；（g）正放抽空四角锥网架

33

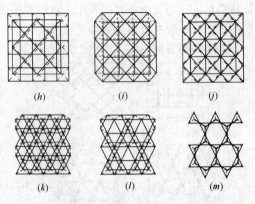

图 1-15　网架形式（二）

（h）棋盘形四角锥网架；（i）斜放四角锥网架；（j）
星形四角锥网架；（k）三角锥网架；（l）抽空三角
锥网架；（m）蜂窝形三角锥网架

　　网架结构的组成方式、几何特征、刚度特
征和施工，见表 1-2 所示。

　　除以上所述平面桁架系网架及角锥体网架
两大类外，还有三层网架及组合网架等结构
形式。

网架组成及特征

表1-2

名称	组成方式	几何特征	刚度特征	受力特征	施工
两向正交正放网架	由两个分别平行于建筑物边界方向的平面桁架交叉组成，各向桁架的交角为90°，即上下弦杆均正放	上下弦杆的长度相等，且上下弦杆位于同一垂直面内，在各向平面内，向平面桁架的上下弦杆交点处共用的一根竖杆	基本单元为几何可变，为增加其空间刚度并有效地传递水平荷载，应沿网架的上弦（下）弦周边支承周边设置附加斜杆	受平面尺寸及支承情况的影响极大。周边支撑近正方形平面，受力均匀，杆件内力差别不大。随内力比加长大，单向受力特征明显。对于点支承的网架，支撑附近的杆件及桁架跨中弦杆内力大，其他部位内力小	杆件类型少，可先拼装成平面桁架，然后总拼，进行较有利于施工

名称	组成方式	几何特征	刚度特征	受力特征	施工
两向正交斜放网架	同上，只是将它在建筑平面上转动45°角，即上下弦杆均向斜放正交	同上	由于网架为等高，故网架短桁架刚度较大，并对与它垂直的长桁架起一定的弹性支承作用，从而减少了桁架中部的弯矩的刚度较两向正交正放网架为大	矩形平面时，受力较均匀。网架处的四角支座产生向上的拉力，可设计成不带角柱	同上

名称	组成方式	几何特征	刚度特征	受力特征	施工
两向斜交斜放网架	由两个方向的平面桁架交叉组成，但其交角不是正交，而是根据下部两个方向支撑结构间距变化，即上下弦杆均而成任意交角，斜放	同上	同上	受力性能不理想	同上。但节点构造复杂

名称	组成方式	几何特征	刚度特征	受力特征	施工
三向网架	由三个方向的平面桁架交叉组成。其交角为 60°角。其上下弦杆有正放和斜放	同上。网架的网格一般是正三形	基本单元为几何不变为向桁架的跨度各异,节点数及刚度各异,整个空间刚度的空间网架。大于两向网架适合于大跨度工程	所有杆件均为受力杆件,能均匀的把力传至两向支撑系统,受力性能好	节点构造(最多一个节点汇交 13 根杆件);用于圆形平面时,周边有不规则网格

名称	组成方式	几何特征	刚度特征	受力特征	施工
单向折线形网架(折线形网架)	由于一系列平面桁架互相斜交成V形而成，即上下弦杆均正放，也可看成无上下弦杆的正放四角锥	同上	比单纯的平面桁架刚度大，不需布置支撑体系。为加强其空间，应在其周边局部分上弦杆增设杆件	只有沿跨度方向上下弦杆，呈单向受力状态	杆件类型较少

名称	组成方式	几何特征	刚度特征	受力特征	施工
正放四角锥网架	已将倒置四角锥组成单元，将各个倒置四角锥底边相连，再将上弦杆锥顶用与上弦杆平行的杆件连接起来。其上下弦杆均与边界平行，即上下弦杆均正放	上下弦的网格平面内的网格均呈正方形，上弦网格的形心与下弦网格的角点投影重合，并且没有竖直腹杆	空间刚度比其他四角锥网架及两向网架均为大	受力比较均匀	上下弦杆等长。如果腹杆与上下弦平面为45°角，则杆件全部等长。如以四角锥为预制单元，有利于定型化生产。屋面板规格少

40

名称	组成方式	几何特征	刚度特征	受力特征	施工
正放抽空四角锥网架	同上。除周边网格中的四角锥不变外，可视根据网架的受力情况有规律的抽掉一些四角锥体而成	同上	空间刚度较正放四角锥网架为小	下弦杆内力大，且均匀性较差	同上。但杆件数目减少，相应构造简单
棋盘形四角锥网架	将斜放四角锥网架转动45°即上、下弦网格正放而成，即上弦正放、下弦斜杆斜放	上弦网格正交正放、下弦网格正交斜放，上下弦的网格投影重合	同上。当周边布置成满锥时，刚度较好	这种网架受压上弦杆短、受拉下弦杆长，能充分发挥杆件截面的作用，受力合理	节点汇交杆件少，上弦节点处6根，下弦节点处8根，节点构造简单

名称	组成方式	几何特征	刚度特征	受力特征	施 工
斜放四角锥网架	以倒置四角锥为组成单元，但以各个倒置的四角锥体底边的角与角相连，即上弦杆斜放、下弦杆正放	上弦网格正交斜放，而下弦网格与边界平行	空间刚度叫正放四角锥网架为小	同上	同上

42

名称	组成方式	几何特征	刚度特征	受力特征	施工
星性四角锥网架	其组成单元体由两个倒置的小桁架，在正交而成，在节点处有一根公用的竖杆。将单元体连接起来就形成网架的上弦，将各星体顶点相连就成网架下弦，即上弦杆斜放，下弦杆正放	上弦杆为倒三角形的底边，下弦杆为倒三角形的上角。网架的连斜杆均与上弦杆位于同一竖直面内	其刚度稍差，不如正弦四角锥网架	同上。其竖杆受压，内力等于上弦节点荷载	节点汇交杆少，上下弦节点处5根，节点构造简单

名称	组成方式	几何特征	刚度特征	受力特征	施工
三角锥网架	以倒置三角锥为组成单元,将各个倒置三角锥体底边相连即成网架形成网架的上弦,再将三角锥顶连接起来即成网架的下弦,三角锥的棱即为网架的斜腹杆	其上下网格均为三角形。倒置三角锥顶与上弦三角形角顶的投影重合,平面形为六边形	基本单元为几何不变体系,整体抗扭和抗弯刚度较好,适用于大跨度工程中	受力比较均匀	如果网架刚度为 $h=\sqrt{\dfrac{2}{3}}s$,s 为弦杆长度,则全部杆件均等长。上下弦节点汇交的杆件均为 9 根,可统一节点构造

名称	组成方式	几何特征	刚度特征	受力特征	施工
抽空三角锥网架	同上。适当抽去一些三角锥单元的腹杆和下弦杆	上弦平面为正三角形，下弦平面为正三角形及正六边形组合成，平面为六边形	刚度较三角锥差。为增加刚度，其周边宜布置成满锥	下弦杆内力增大且均匀性精差	节点和杆件数量比三角锥少。上弦网格与三角锥网格一样密，有利于铺设屋面板。下弦杆稀疏，有利于施工及省料

名称	组成方式	几何特征	刚度特征	受力特征	施工
蜂窝形三角锥网架	将倒置的三角锥体底面形成与角形相连成的上弦。三角锥顶用杆件相连即形成网架的下弦	上弦平面为有规律排列的三角形与六边形。下弦网格为单一的六边形，其斜腹杆与下弦杆位于同一平面内	同上	这种网架受压上弦杆短，受拉下弦杆长，能充分发挥杆件截面的作用，受力合理	在常见的网架形式中，杆件数和节点数量少，但上弦平面的三角形及六边形网格增加了屋面板的规格

46

三层网架分全部三层和局部三层两种，一般中等跨度的网架，可采用后者。因材料关系，内力值受到限制的情况下采用局部三层网架会取得良好的效果。对大跨度的机库或体育馆则全部采用三层网架较为合理；三层网架对中、小跨度来说，因构造复杂，一般不采用，近年来有些跨度超过50m的网架也有采用的。

所谓组合网架是指利用钢筋混凝土屋面板代替网架上弦杆的一种结构形式，它可使屋面板与网架结构共同工作，节约钢材，改善网架的受力性质。这是一种有很大发展前途的结构形式。这种组合网架不但适用于屋面，更适用于屋盖，因目前尚属于发展阶段，应用面有限，故本书不作介绍。

本书中的大、中、小跨度划分系针对屋盖网架而言；当跨度 $L_2 > 60m$ 为大跨度；$L_2 = 30 \sim 60m$ 为中跨度；$L_2 < 30m$ 为小跨度。

2. 网架结构构造

杆件和节点的设计和构造

1）杆件

网架杆件可采用普通型钢和薄壁型钢。管

材可采用高频电焊钢管或无缝钢管，当有条件适应采用薄壁管形截面。杆件的钢材应按国家标准《钢结构设计规范》GB 50017 的规定采用。网架杆件的截面应根据承载力和稳定性的计算和验算确定。

常用钢管直径（mm）有：$\phi48\left(1\frac{7}{8}\text{in}\right)$、$\phi51$（2in）、$\phi57\left(2\frac{1}{4}\text{in}\right)$、$\phi60\left(2\frac{3}{8}\text{in}\right)$、$\phi63$ $\left(2\frac{1}{2}\text{in}\right)$、$\phi70\left(2\frac{3}{4}\text{in}\right)$、$\phi76$（3）、$\phi83$ $\left(3\frac{1}{4}\text{in}\right)$、$\phi89\left(3\frac{1}{2}\text{in}\right)$、$\phi95\left(3\frac{3}{4}\text{in}\right)$、$\phi102$（4in）、$\phi108\left(4\frac{1}{4}\text{in}\right)$、$\phi114\left(4\frac{1}{2}\text{in}\right)$、$\phi127$（5in）、$\phi152$（6in）、$\phi159\left(6\frac{1}{4}\text{in}\right)$等。

常用的钢管壁厚有：3mm、3.5mm、4mm、4.5mm、5mm、6mm、7mm、8mm、10mm、12mm 等。

杆件长度和网架网格尺寸有关，确定网格尺寸时除考虑最优尺寸及屋架板制作条件因素外，也应考虑一般常用的定尺长度，以避免剩头过长造成浪费。钢管出厂一般均有负公差。

2）节点

网架节点有焊接钢板节点、螺栓球节点和焊接球节点。

焊接钢板节点可有十字节点板和盖板组成，适用于连接型钢杆件。十字节点板宜由两块带企口的钢板对插焊成，也可由三块钢板焊成，如图 1-16 (a)、(b) 所示。小跨度网架的受拉节点可不设置盖板。十字节点板节点与盖板所用钢材应与网架杆件钢材一致。焊接钢板节点可用于两向网架，也可用于四角锥体组成的网架。常用焊接板节点的构造形式可按《空间网格结构设计规范》（JGJ 7—2010）选用。

螺栓球节点，如图 1-17 所示有以下部件构成：球体、高强度螺栓、六角形套管、销子（或螺钉）、锥头或封板。球体是锻压或构造的实心钢球，在钢球中按照网架结构汇交的角度进行钻孔并车出螺纹。球的大小根据螺栓直径和伸入球的螺纹长度确定。为了缩小球的体积，在杆件端头焊上锥形套筒，螺栓通过套筒

49

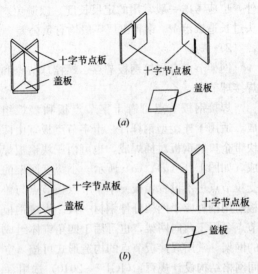

图 1-16 十字节点板

再与螺栓球相连，螺栓上放置一个两侧开有长槽的无纹螺母，用一个销钉穿入长槽通过螺栓小孔将螺栓与无纹螺母连在一起。螺栓可以在杆件端部转动，当螺栓插入球的螺母后，便可以用扳手拧动无纹螺母，螺母转动时通过销钉带动螺栓转动，螺栓的螺纹便逐渐拧入球体

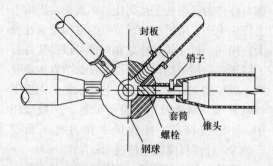

图 1-17 螺栓球节点

内，直到最后紧固为止，相当于对节点施加预应力的过程。预应力的大小与拧紧程度成正比。此时螺栓受预拉力，套筒受预压力；在节点上形成自平衡内力，而杆件不受力。当网架承受荷载后，拉杆内力通过螺栓受拉传递，随着荷载的增加，套筒预压力也随之减小，到破坏时杆件拉力全由螺栓承受。对于压杆，则通过套筒受压来传递内力，螺栓预拉力随荷载的增加而减少，到破坏时杆件压力全由套筒承受。

螺栓球节点的优点是安装、拆卸方便。球

体与杆件的规格便于系列化、标准化，适用于工厂化生产。采用螺栓球节点的结构适应性较大，用同一尺寸的螺栓球和杆件可以拼装各种不同形式的网架结构。但也存在如节点构造复杂、机械加工量大、加工工艺要求高、需要钢件品种多、制造费用较高等问题。一般适用中、小跨度网架，杆件最大拉力已不超过700kN，杆件长度已不超过 3m 为宜。

螺栓球节点的钢管、封板、锥头和套筒宜采用国家标准《碳素结构钢》（GB/T 700—2006）规定的 Q235 钢或国家标准《低合金高强度结构钢》（GB/T 1591—2008）规定的 Q345（16Mn）钢。钢球宜采用国家标准《优质碳素结构钢》（GB/T 699—1999）规定的 45钢。螺栓、销子或螺钉，宜采用国家标准《合金结构钢》（GB/T 3077—1999）规定的 40Cr钢、40B 钢或 20MnTiB 钢等。产品质量应符合国家标准《钢网架螺栓球节点用高强度螺栓》（GB/T 16939—1997）及行业标准《钢网架螺栓球节点》（JG/T 10—2009）的规定。

焊接空心球节点应用历史长，它是将两块

圆钢板经热压或冷压成两个半球后再对焊而成。焊接空心球节点构造简单，受力明确，连接方便，对于圆钢管杆件要求切割面垂直于杆件轴线，杆件会与空心球自然对中而不产生节点偏心。因球体无方向性，可与任意方向的杆件连接，如图 1-18 所示。但球体的制造需要冲压设备，冲压时钢板需用圆形毛坯，钢材的利用率低，节点用钢量约占整个网架用钢量的10％～30％，它较板节点用钢量稍多。焊接球节点的焊接工作量大，仰、立焊缝较多，且对焊接质量和杆件尺寸的准确度要求较高。

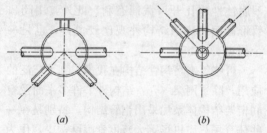

(a)　　　　　　　　(b)

图 1-18　焊接球节点

焊接空心球的钢材宜采用国家标准《碳素结构钢》（GB/T 700—2006）规定的 Q235 或

国家标准《低合金高强度结构钢》（GB/T 1591—2008）规定的 Q345（16Mn）钢。产品质量应符合行业标准《钢网架焊接空心球节点》（JG/T 11—2009）的规定。

网架屋面围护结构同门式刚架、钢框架，在此不再详述。

1.4　管桁架及其基本结构

由闭口管形截面组成的结构体系称为钢管结构。闭口管形截面有很多优点，如抗扭性能好、抗弯刚度大等。如果构件两端封闭，耐腐蚀性也比开口截面有利。此外，用闭口管形截面组成的结构外观比较悦目，也是一个优点。

近些年来，钢管结构在我国得到了广泛的应用，除了网架（壳）结构外，许多平面及空间桁架结构体系均采用钢管结构，特别是在一些体育场、飞机场等大跨度索膜结构中，作为主承重体系的钢管桁架结构应用广泛。但是由于在节点处无连接板件，支管与主管的交界线属于空间曲线，钢管切割、坡口及焊接时难度大，工艺要求高。

根据截面形状不同，闭口管形截面有圆管截面和方管（矩形管）截面两大类。根据加工成型方法不同，可分为普通热轧钢管和冷弯成型钢管两类，其中普通热轧钢管又分热轧无缝管和高频电焊直缝管等多种。钢管的材料一般采用 Q235 或 Q345 钢。

钢管结构的节点形式很多，如 X 形节点、T 形节点、Y 形节点、K 形节点、KK 形节点等，如图 1-19 所示。其中，KK 形节点属于空间节点。

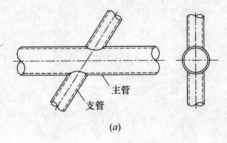

(a)

图 1-19　钢管结构的节点形式（一）

(a) X 形节点

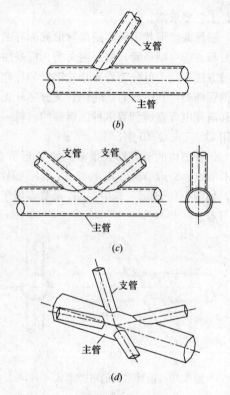

图 1-19　钢管结构的节点形式（二）

(b) T形、Y形节点；(c) K形节点；(d) KK形节点

1.5　建筑钢材的类别

1. 钢材牌号的表示方法

钢材的牌号也称钢号，如 Q235-B·F，由以下四部分按顺序组成：

(1) 代表屈服强度的字母"Q"，是屈服强度中"屈"字的第一个汉语拼音字母。

(2) 钢材名义屈服强度值，单位为 N/mm^2。

(3) 钢材质量等级符号，碳素钢和低合金钢的质量等级数量不相同，Q235 有 A、B、C、D 四个级别，Q345、Q390 和 Q420 则有 A、B、C、D、E 五个级别，A 级质量最低，其余按字母顺序依次增高。

(4) 钢材脱氧方法符号，有沸腾钢（符号 F）、镇静钢（符号 Z）和特殊镇静钢（符号 TZ）四种，其中镇静钢和特殊镇静钢的符号可以省去。

对于高层钢结构和重要钢结构，根据行业标准《高层建筑结构用钢板》（YB 4104—2000）的规定，其牌号的表示方法有所不同，如 Q345GJC，由以下四部分顺序组成：

（1）代表屈服强度的字母"Q"。

（2）钢材名义屈服强度值，单位为 N/mm^2。

（3）代表高层建筑的汉语拼音字母"GJ"。

（4）质量等级符号，有 C、D、E 三种。

2. 碳素结构钢

根据国家标准《碳素结构钢》（GB/T 700—2006）的规定，依据屈服点不同，碳素结构钢分为 Q195、Q215、Q235 及 Q275 四种。Q195 和 Q215 的强度较低，而 Q275 的含碳量较高，已超出低碳钢的范畴，故 GB 50017 仅推荐了 Q235 这一钢号。

3. 低合金高强度结构钢

国家标准《低合金高强度结构钢》（GB/T 1591—2008）规定，低合金高强度结构钢分为 Q345、Q390、Q420、Q460、Q500、Q550、Q620 和 Q690 八种，其中 Q345、Q390 和 Q420 是 GB 50017 推荐使用的钢种，目前最常用的是 Q345 钢。

4. 国产板材及型材的规格

钢结构构件宜优先选用国产型材，以减少加工量，降低造价。型材有热轧和冷成型两类。当型材尺寸不合适时，则用钢板、型材制作。各种规格及截面特征均应按相应技术标准选用，钢结构常用板材、型材的技术标准如下：

（1）《热轧钢板和钢带的尺寸、外形、重量及允许偏差》（GB/T 709—2006），单轧钢板公称厚度3～400mm。

（2）《冷轧钢板和钢带的尺寸、外形、重量及允许偏差》（GB/T 708—2006），公称厚度0.3～4.0mm。

（3）《花纹钢板》（GB/T 3277—1991），厚度2.5～8.0mm。

（4）《高层建筑结构用钢板》（YB 4104—2000），厚度6～100mm。

（5）《热轧H型钢和剖分T型钢》（GB/T 11263—2010），H型钢分宽翼缘（HW）、中翼缘（HM）、窄翼缘（HN）、薄壁（HT）四个系列；T型钢分宽翼缘（TW）、中翼缘

（TM）、窄翼缘（TN）三个系列。截面表示方法：HN350×175×7×11（截面高度×截面宽度×腹板厚度×翼缘厚度）。

（6）《热轧型钢》（GB/T 706—2008），包括热轧工字钢、热轧槽钢、热轧等边角钢、热轧不等边角钢、热轧 L 型钢。

（7）《焊接 H 型钢》（YB 3301—2005），代号为 WH。

（8）《结构用高频焊接薄壁 H 型钢》（JG/T 137—2007），普通高频焊接薄壁 H 型钢代号为 LH，卷边高频焊接薄壁 H 型钢为 CLH。

（9）《无缝钢管》（GB/T 8162），规格○32×2.5～○630×16。

（10）《电焊（直缝）钢管》YB 242～263，规格○32×2～○152×5.5。

（11）《螺旋焊钢管》GB 9711，规格○219.1×5.5～○1420×16。

（12）《通用冷弯开口型钢》GB 6723，包括冷弯角钢、冷弯 C 型钢、冷弯 Z 型钢。

部分国产热轧型材及冷弯型钢的规格、尺寸见第 4 章相关内容。

1.6 焊接材料

焊条的型号根据熔敷金属力学性能、药皮类型、焊接方位和焊接电流种类分为很多种类，焊条直径的基本尺寸有 1.6、2.0、2.5、3.2、4.0、5.0、5.6、6.0、6.4、8.0 等规格。

碳素钢焊条有 E43 系列（E4300～E4316）和 E50 系列（E5001～E5048）两类，低合金钢焊条也有 E50 系列（E5000—×～E5027—×）和 E55 系列（E5500—×～E5518—×）两类。

焊丝是成盘的金属丝，按其化学成分及采用熔化极气体保护电弧焊时熔敷金属的力学性能进行分类，直径有 0.5、0.6、0.8、1.0、1.2、1.4、1.6、2.0、2.5、3.0、3.2 等规格。碳素钢焊丝和低合金钢焊丝的型号有 ER50 系列、ER55 系列、ER62 系列、ER69 系列等。

1.7 螺　　栓

钢结构用螺栓主要有普通螺栓和高强度螺栓两大类。普通螺栓包括 C 级螺栓、A 级和 B 级螺栓。C 级螺栓也称粗制螺栓，一般由

Q235 钢制成，包含 4.6 级和 4.8 级两个级别。级别符号含义以 4.6 为例："4"表示材料的最低抗拉强度为 400N/mm²，".6"表示屈强比（屈服强度与抗拉强度的比值）为 0.6。C 级螺栓加工粗糙，制造安装方便，但需要的数量较多。A、B 级螺栓也称精制螺栓，加工尺寸精确，制造安装复杂，目前在钢结构中已比较少用。

高强度螺栓采用经过热处理的高强度钢材做成，从性能等级上可分为 8.8 级和 10.9 级，记作 8.8S、10.9S，符号含义同普通螺栓。如螺纹规格 $d = M20$、公称长度 $l = 100mm$、性能等级为 10.9S 级的钢结构高强度大六角螺栓的标记：

螺栓　GB/T 1228 M20×100

螺纹规格 $d = M20$、公称长度 $l = 100mm$、性能等级为 8.8S 级的钢结构高强度大六角螺栓的标记：

螺栓　GB/T 1228 M20×100－8.8S

高强度螺栓从受力特征上可分为摩擦型连接和承压型连接两类。根据螺栓构造及施工方法不同，可分为大六角头高强度螺栓和扭剪型高强度螺栓两类，详见图 1-20 和图 1-21。8.8级仅用于大六角头高强度螺栓，10.9级用于扭剪型高强度螺栓和大六角头高强度螺栓。一个螺栓连接副包括螺栓、螺母和垫圈三部分。

图 1-20　大六角螺栓

图 1-21　扭剪型高强钢结构螺栓

第 2 章　钢结构工程结构
施工图制图规则

　　从事钢结构工程造价工作，首先要看懂钢结构工程施工图。钢结构工程图纸表达有其特定的表达内容，如钢结构工程选用材料的标注、螺栓的表达、焊缝的表示、尺寸标注等。这些内容反映在图纸上，有别于大家比较熟悉的砌体结构和混凝土结构的施工图，所以必须掌握钢结构工程制图基本知识。另外，进行钢结构工程计价前，特别是进行清单计价，熟悉钢结构工程构造也是非常有必要的。

2.1　常用型钢的标注方法

　　常用型钢的标注方法应符合表 2-1 中的规定。

常用型钢的标注方法

表 2-1

序号	名 称	截 面	标 注	说 明
1	等边角钢	∟	∟ $b×t$	b 为肢宽; t 为壁厚
2	不等边角钢	∟ B	∟ $B×b×t$	B 为长肢宽; b 为短肢宽; t 为壁厚
3	工字钢	Ⅰ	Ⅰ N　QN	轻型工字钢加注 Q 字 N 为工字钢的型号
4	槽钢	⊏	⊏ N　QN	轻型槽钢加注 Q 字 N 为槽钢的型号
5	方钢	▨ q	□ b	b 为边长

65

序号	名称	截面	标注	说明
6	扁钢	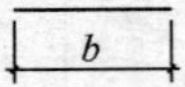 $\boxed{b}$	$—b×t$	b 为宽度; t 为厚度
7	板钢	——	$\dfrac{-b×t}{l}$	$\dfrac{宽×厚}{板长}$
8	圆钢	�illustration	ϕd	d 为直径
9	钢管	○	$DN××$ $D×t$	内径 外径 × 壁厚
10	薄壁方钢管	□	B□ $b×t$	薄壁型钢加注 B 字 t 为壁厚

2.2 螺栓、孔、电焊铆钉的表示方法

螺栓、孔、电焊铆钉的表示方法应符合表2-2中的规定。

螺栓、孔、电焊铆钉的表示方法　表2-2

序号	名　称	图　例		说　明
1	永久螺栓	$\frac{M}{\phi}$		1. 细"+"线表示定位线。 2. M 表示螺栓型号。 3. 表示螺栓孔直径。 4. ϕd 表示膨胀螺栓、电焊铆钉直径。 5. 采用引出线标注螺栓时，横线上表示螺栓规格，横线下标注螺栓孔直径
2	高强度螺栓	$\frac{M}{\phi}$		
3	安全螺栓	$\frac{M}{\phi}$		
4	胀锚螺栓	d		
5	圆形螺栓孔	ϕ		
6	长圆形螺栓孔	$\frac{\phi}{b}$		
7	电焊铆钉	d		

69

2.3 常用焊缝的表示方法

　　焊接钢构件的焊缝除应按现行的国家标准《焊缝符号表示法》（GB/T 324—2008）中的规定外，还应符合本节的各项规定。

　　（1）单面焊缝的标注方法应符合下列规定：

　　1）当箭头指向焊缝所在一面时，应将图形符号和尺寸标注在横线的上方，如图2-1（*a*）所示；当箭头指向焊缝所在的另一面（相对应的那面）时，应将图形号和尺寸标注在横线的下方，如图2-1（*b*）所示。

　　2）表示环绕工件周围的焊缝时，其围焊焊缝的符号为圆圈，绘在引出线的转折处，并标注焊角尺寸*K*，如图2-1（*c*）所示。

　　（2）双面焊缝的标注，应在横线的上、下都标注符号和尺寸。上方表示箭头一面的符号和尺寸，下方表示另一面的符号和尺寸，如图2-2（*a*）所示；当两面的焊缝尺寸相同时，只需在横线上方标注焊缝的符号和尺寸，如图2-2（*b*）、（*c*）、（*d*）所示。

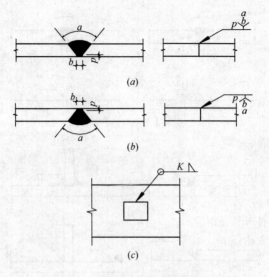

图 2-1　单面焊缝的标注方法

（3）3 个和 3 个以上的焊件相互焊接的焊缝，不得作为双面焊缝标注。其焊缝符号和尺寸应分别标注，如图 2-3 所示。

（4）相互焊接的两个焊件中，当只有一个焊件带坡口时（如单面 V 形），引出线箭头必须指向带坡口的焊件，如图 2-4 所示。

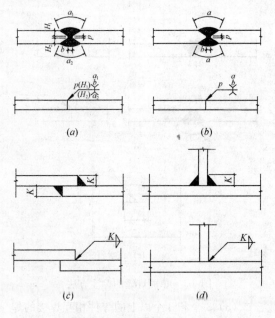

图 2-2 双面焊缝的标注方法

（5）相互焊接的两个焊件，当为单面带双边不对称坡口焊缝时，引出线箭头必须指向较大坡口的焊件，如图 2-5 所示。

（6）当焊缝分布不规则时，在标注焊缝

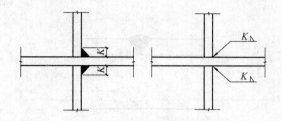

图 2-3　3 个以上焊件的焊缝标注方法

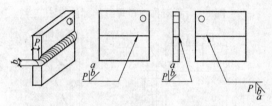

图 2-4　1 个焊件带坡口的焊缝标注方法

符号的同时，宜在焊缝处加中实线（表示可见焊缝），或加细线（表示不可见焊缝），如图 2-6 所示。

（7）相同焊缝符号应按下列方法表示：

1）在同一图形上，当焊缝形式、断面尺寸和辅助要求均相同时，可只选择一处标注焊缝的符号和尺寸，并加注"相同焊缝符号"，

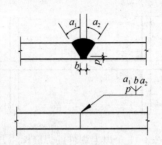

图 2-5　不对称坡口焊缝的标注方法

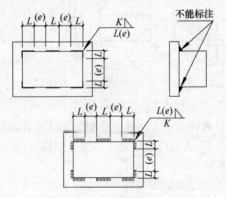

图 2-6　不规则焊缝的标注方法

相同焊缝符号为 3/4 圆弧，绘在引出线的转折角处，如图 2-7（a）所示。

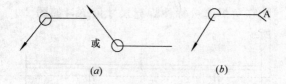

图 2-7 相同焊缝的表示方法

2) 一图形上，当有数种相同焊缝时，可将焊缝分类编号标注。在同一类焊缝中可选择一处标注焊缝符号和尺寸。分类编号采用大写的拉丁字母 A、B、C……，如图 2-7 (b) 所示。

（8）需要在施工现场进行焊接的焊件焊缝，应标注"现场焊缝"符号。现场焊缝符号为涂黑的三角形旗号，绘在引出线的转折处，如图 2-8 所示。

图 2-8 现场焊缝的表示方法

（9）图样中较长的角焊缝（如焊接实腹钢梁的翼缘焊缝），可不用引出线标注，而直接在角焊缝旁标注焊缝尺寸值 K，如图 2-9 所示。

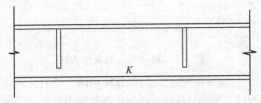

图 2-9 较长焊缝的标注方法

（10）熔透角焊缝的符号应按图 2-10 的方式标注。熔透角焊缝的符号为涂黑的圆圈，绘在引出线的转折处。

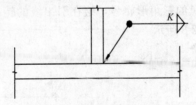

图 2-10 熔透角焊缝的标注方法

（11）局部焊缝应按图 2-11 方式标注。

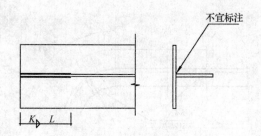

图 2-11　局部焊缝的标注方法

2.4　钢结构工程施工图尺寸标注

（1）两构件的两条很近的重心线，应在交汇处将其各自向外错开，如图 2-12 所示。

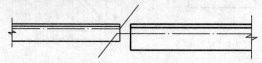

图 2-12　两构件重心不重合的表示方法

（2）弯曲构件的尺寸应沿其弧度的曲线标注弧的轴线长度，如图 2-13 所示。

（3）切割的板材，应标注各线段的长度及位置，如图 2-14 所示。

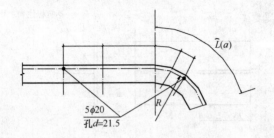

$\overset{\frown}{L}(a)$

R

$\underline{5\phi20}$
孔d=21.5

图 2-13　弯曲构件尺寸的标注方法

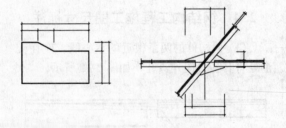

图 2-14　切割板材尺寸的标注方法

　　（4）不等边角钢的构件，必须标注出角钢一肢的尺寸，如图 2-15 所示。

　　（5）节点尺寸，应注明节点板的尺寸和各杆件螺栓孔中心或中心距，以及杆件端部至几何中心线交点的距离，如图 2-16 所示。

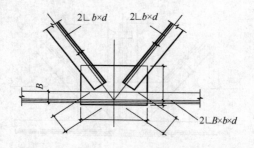

图 2-15　节点尺寸及不等边角钢的标注方法

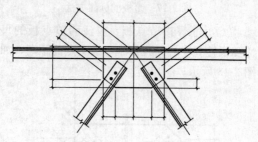

图 2-16　节点尺寸的标注方法

（6）双型钢组合截面的构件，应注明缀板的数量及尺寸，如图 2-17 所示。引出横线上方标注缀板的数量及缀板的宽度、厚度，引出横线下方标注缀板的长度尺寸。

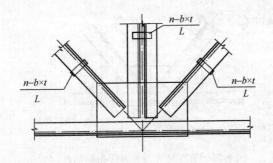

图 2-17　缀板的标注方法

（7）非焊接节点板，应注明节点板的尺寸和螺栓孔中心与几何中心线交点的距离，如图 2-18 所示。

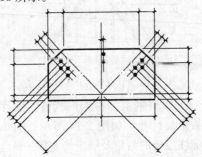

图 2-18　非焊接节点板尺寸的标注方法

2.5 钢结构工程常用构件代号

常用构件代号　　　　表 2-3

序号	名称	代号
1	板	B
2	屋面板	WB
3	空心板	KB
4	槽形板	CB
5	折板	ZB
6	密肋板	MB
7	楼梯板	TB
8	盖板或沟盖板	GB
9	挡雨板或檐口板	YB
10	吊车安全走道板	DB
11	墙板	QB
12	天沟板	TGB
13	梁	L
14	屋面梁	WL
15	吊车梁	DL
16	单轨吊车梁	DDL
17	轨道连接	DGL
18	车挡	CD

序号	名　称	代号
19	圈梁	QL
20	过梁	GL
21	连续梁	LL
22	基础梁	JL
23	楼梯梁	TL
24	框架梁	KL
25	框支梁	KZL
26	屋面框架梁	WKL
27	檩条	LT
28	屋架	WJ
29	托架	TJ
30	天窗架	CJ
31	框架	KJ
32	刚架	GJ
33	支架	ZJ
34	柱	Z
35	框架柱	KZ
36	构造柱	GZ
37	承台	CT
38	设备基础	SJ

序号	名称	代号
39	桩	ZH
40	挡土墙	DQ
41	地沟	DG
42	柱间支撑	ZC
43	垂直支撑	CC
44	水平支撑	SC
45	梯	T
46	雨篷	YP
47	阳台	YT
48	梁垫	LD
49	预埋件	M—
50	天窗端墙	TD
51	钢筋网	W
52	钢筋骨架	G
53	基础	J
54	暗柱	AZ

注: 1. 预制钢筋混凝土构件、现浇钢筋混凝土构件、钢构件和木构件，一般可直接采用本表中的构件代号。在绘图中，当需要区别上述构件的材料种类时，可在构件代号前加注材料代号，并在图纸中加以说明。

2. 预应力钢筋混凝土构件的代号，应在构件代号前加注"Y"，如 Y-DL 表示预应力钢筋混凝土吊车梁。

第3章 钢结构工程清单项目
设置及计算规则

本章内容节选于《房屋建筑与装饰工程计算规范》GB 50854—2013 中附录 F 金属结构工程部分，建筑钢结构工程工程量清单项目设置、项目特征描述的内容、计量单位及工程量计算规则，根据本部分规范编制。

3.1 钢网架项目设置及
工程量计算规则

F.1 钢网架

钢网架工程量清单项目设置、项目特征描述、计量单位及工程量计算规则应按表 F.1 的规定执行。

钢网架（编码：010601）　　表 F.1

项目编码	项目名称	项目特征	计量单位	工程量计算规则	工作内容
010601001	钢网架	1. 钢材品种、规格； 2. 网架节点形式、连接方式； 3. 网架跨度、安装高度； 4. 探伤要求； 5. 防火要求	t	按设计图示尺寸以质量计算。不扣除孔眼的质量，焊条、铆钉等不另增加质量	1. 拼装 2. 安装 3. 探伤 4. 补刷油漆

【钢网架工程量清单编制案例】

某工程屋面采用钢网架屋盖，要求编制该网架部分的工程量清单。施工图如图 3-1～图 3-4 所示：

网架工程量的计算

网架工程量的计算包括杆件、封板或锥头、螺栓球、支托、檩条、支座和埋件等。除檩条、埋件和支座要按图纸尺寸计算外，其他均可根据材料表统计工程量即可。

网架工程工程量计算书　　表 3-1

序号	各项工程名称	计算公式	单位	数量	备注
1	杆件	16.748 （该数据来自杆件材料表）	t	16.748	杆件的下料重量，即净量
2	螺栓球	2.335 （该数据来自螺栓球材料表）	t	2.335	
3	封板或锥头	1,949 （该数据来自封板或锥头材料表）	t	1.949	
4	支托	0.842＋0.153 ＝0.995 （该数据来自材料表）	t	0.995	

序号	各项工程名称	计 算 公 式	单位	数量	备注
5	檩条（□80×60×3.0）	$10 \times (48 + 2 \times 0.06) \times [(0.08 + 0.06) \times 2 \times 0.003 \times 1 \times 7.85] = 3.173$	t	3.173	
6	支座	$(13 \times 2 + 3 \times 2) \times [0.22 \times 0.22 \times 0.01 + 0.2 \times 0.2 \times 0.01 + 4 \times (0.05 \times 0.05 \times 0.006) + (0.2 \times 0.276 \times 0.012) \times 2] \times 7.85 = 0.57$	t	0.57	包括肋板、底板、垫板和过渡板的重量，详见支座详图
7	埋件	钢板：$(13 \times 2 + 3 \times 2) \times (0.24 \times 0.24 \times 0.02) \times 7.85 = 0.289$ $\phi18$ 锚筋：$2 \times (13 \times 2 + 3 \times 2) \times 1.998 \div 1000 \times (0.11 + 0.4 \times 2 + 0.1 \times 2) = 0.142$	t	0.142	$\phi18$ 钢筋的理论重量是 1.998kg/m

工程量清单的编制详见表3-2。

分部分项工程量清单　　　　表 3-2

工程名称：××工程　　　　　　第 1 页　共 1 页

序号	项目编码	项目名称	项目特征	计量单位	工程数量
1	010601001001	钢网架	1. 螺栓球平板网架：24.24m×48m; 2. 安装在混凝土柱上，高度13.26m	t	16.508
2	010606002001	钢檩条	1. 屋面檩条：□80×60×3.0; 2. 涂 C53-35 红丹醇酸防锈底漆一道 25μm	t	3.173
3	010417002001	预埋铁件	1. 钢板：-240×240×20	t	0.142

序号	项目编码	项目名称	项目特征	计量单位	工程数量
4	010606012001	零星钢构件	1. 螺栓球支座：钢板	t	0.57

【案例分析】

1. 工程量计算时应充分利用材料表。另外，作为施工企业统计工程量时，要分别统计不同规格的钢管质量，因为不同规格的钢管价格不同，报价时要充分考虑。

2. 清单编制时，钢网架的工程量是杆件、螺栓球、封板及锥头等工程量的合计。

3. 本案例未考虑防火及探伤，根据实际工程报价时综合考虑。

3.2 钢屋架、钢托架、钢桁架、钢桥架工程量清单项目设置及计算规则

F.2 钢屋架、钢托架、钢桁架、钢桥架

钢屋架、钢托架、钢桁架、钢桥架工程量清单项目设置、项目特征描述、计量单位及工程量计算规则应按表 F.2 的规定执行。

钢屋架、钢托架、钢桁架、钢桥架
（编码：010602） 表 F.2

项目编码	项目名称	项目特征	计量单位	工程量计算规则	工作内容
010602001	钢屋架	1. 钢材品种、规格； 2. 单榀质量； 3. 屋架跨度、安装高度； 4. 螺栓种类； 5. 探伤要求； 6. 防火要求	1. 榀 2. t	1. 以榀计量，按设计图示数量计算。 2. 以吨计量，按设计图示尺寸以质量计算。不扣除孔眼的质量，焊条、铆钉、螺栓等不另增加质量	1. 拼装 2. 安装 3. 探伤 4. 补刷油漆

项目编码	项目名称	项目特征	计量单位	工程量计算规则	工作内容
010602002	钢托架	1. 钢材品种、规格; 2. 单榀质量; 3. 安装高度; 4. 螺栓种类; 5. 探伤要求; 6. 防火要求	t	按设计图示尺寸以质量计算。不扣除孔眼的质量,焊条、铆钉、螺栓等不另增加质量	1. 拼装 2. 安装 3. 探伤 4. 补刷油漆
010602003	钢桁架				
010602004	钢桥架	1. 桥类型; 2. 钢材品种、规格; 3. 单榀质量; 4. 安装高度; 5. 螺栓种类; 6. 探伤要求	t		

注: 以榀计量,按标准图设计的应注明标准图代号,按非标准图设计的项目特征必须描述单榀屋架的质量。

3.3 钢柱清单项目设置及
工程量计算规则

钢柱工程量清单项目设置及、项目特征描述、计量单位及工程量计算规则应按表 F.3 的规定执行。

钢柱 (编码: 010603) 表 F.3

项目编码	项目名称	项目特征	计量单位	工程量计算规则	工程内容
010603001	实腹柱	1. 柱类型; 2. 钢材品种、规格; 3. 单根柱的质量;	t	按设计图示尺寸以质量计算。不扣除孔眼的质量,焊条、铆钉、螺栓等不另增加质量,依附在钢柱上的牛腿及悬臂梁等并入钢柱工程量内	1. 拼装 2. 安装 3. 探伤 4. 补刷油漆
010603002	空腹柱	4. 螺栓种类; 5. 探伤要求; 6. 防火要求			

92

3.4 钢梁清单项目设置及工程量计算规则

钢梁工程量清单项目设置、项目特征描述、计量单位及工程量计算规则应按表 F.4 的规定执行。

钢梁（编码：010604）　　表 F.4

项目编码	项目名称	项目特征	计量单位	工程量计算规则	工程内容
010604001	钢梁	1. 梁类型； 2. 钢材品种、规格； 3. 单根质量； 4. 螺栓种类； 5. 安装高度； 6. 探伤要求； 7. 防火要求	t	按设计图示尺寸以质量计算。不扣除孔眼的质量，焊条、铆钉、螺栓等不另增加质量，制动梁、制动板、制动桁架、车挡并入钢吊车梁工程量内	1. 拼装 2. 安装 3. 探伤 4. 补刷油漆

94

项目编码	项目名称	项目特征	计量单位	工程量计算规则	工程内容
010603003	钢管柱	1. 钢材品种、规格； 2. 单根柱的质量； 3. 螺栓种类； 4. 探伤要求； 5. 防火要求	t	按设计图示尺寸以质量计算。不扣除孔眼的质量，焊条、铆钉、螺栓等不另增加质量，钢管柱上的节点板、加强环、内衬管、牛腿等并入钢管柱工程量内	1. 拼装 2. 安装 3. 探伤 4. 补刷油漆

注：1. 实腹钢柱类型指十字、T、L、H 等。

    2. 空腹钢柱类型指箱形、格构等。

    3. 型钢混凝土柱浇筑钢筋混凝土，其混凝土和钢筋应按 GB 50854—2013 规范附录 E 混凝土及钢筋混凝土工程中相关项目编码列项。

项目编码	项目名称	项目特征	计量单位	工程量计算规则	工程内容
010604002	钢吊车梁	1. 钢材品种、规格； 2. 单根质量； 3. 螺栓种类； 4. 安装高度； 5. 探伤要求； 6. 防火要求	t	按设计图示尺寸以质量计算。不扣除孔眼的质量，焊条、铆钉、螺栓等不另增加质量，制动梁、制动板、制动桁架、车挡并入钢吊车梁工程量内	1. 拼装 2. 安装 3. 探伤 4. 补刷油漆

注：1. 梁类型指 H、L、T、箱形、格构式等。

　　2. 型钢混凝土梁浇筑钢筋混凝土，其混凝土和钢筋应按 GB 50854—2013 规范附录 E 混凝土及钢筋混凝土工程中相关项目编码列项。

【钢梁工程量清单编制案例】 某钢结构工

程 L—1g 施工图如下，如图 3-5 所示，钢梁采用 Q345B，截面（mm）：$400 \times 200 \times 8 \times 12$，共 100 根，计算本构件的工程量。

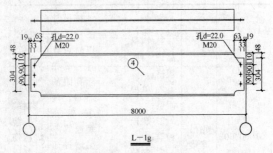

L—1g

图 3-5　某工程钢梁的施工图

【解】　本工程钢梁在选材时，没有选用标准 H 型钢，而是选用焊接 H 型钢。我们应该了解，焊接 H 钢梁是用三块钢板焊接而成，所以计算其吨位是按图示净尺寸计算钢构件体积，乘以其密度 7.85kg/m^3，以 t 计。而体积的计算关键是通过图纸确定其钢板的净长。

该钢梁的净长：$L_{净} = 8000 - 2 \times 19 = 7962 \text{mm} = 7.962 \text{m}$

钢梁的截面面积：$S = (2 \times 0.2 \times 0.012 +$

$0.376 \times 0.008) = 7.808 \times 10^{-3}$ m³

钢梁的质量：$G = 100 \times 7.962 \times 7.808 \times 10^{-3} \times 7.85 = 48.801$kg $= 0.049$t

清单编制如下：

分部分项工程量清单　　　表 3-3

工程名称：××工程　　　　　第 1 页　共 1 页

序号	项目编码	项目名称	项目特征	计量单位	工程数量
1	010604001001	钢梁	1. 焊接 H 型钢； 2. Q345B； 3. 每根重 0.062t； 4. 高强度螺栓 10.9 级； 5. 安装高度 8.00m	t	0.049

【案例分析】

钢结构工程计算工程量时，一定要将图示尺寸换算成钢构件的净尺寸，如本案例中的钢梁的净长的计算，其中切边、打孔等不扣除其面积，螺栓、焊缝增加的质量也不增加 另外，清单中的工程量是图纸净量，不包括任何损耗，损耗在报价中考虑。

【钢柱工程量清单编制案例】 某工程钢柱 Z-1 详图如图 3-6 所示，材质是 Q345B，选用 GBH300×150×6.5×9。计算 H 型钢工程量。

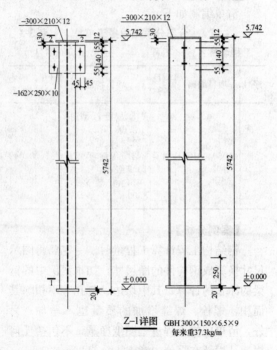

Z-1详图 GBH 300×150×6.5×9
每米重37.3kg/m

图 3-6 某工程钢柱 Z-1 详图

【解】 本工程钢柱选用 GBH 型钢，这是定型产品。工程量计算时只要统计钢柱净长即可。其重量可查表计算。由表可知，其重量是 37.3kg/m。

$L_{净} = (5.742 - 0.02 - 0.012) = 5.71m$

$G = 5.71 \times 37.3 = 212.983kg = 0.213t$

【案例分析】

无论门式刚架中的钢梁、钢柱，还是钢框架中的钢梁、钢柱，均采用该清单项目。

钢结构工程进行钢材用量统计时，离不开大量的各种型钢计算表格。所以，进行钢结构工程造价工作时，应将各种型钢计算表格准备好，以利于材料吨位的计算。为方便广大读者，本人将平时工作中积累、收集的各种型钢的计算数据，汇编于第 4 章钢结构工程预算常用型钢规格及重量表，供读者参照。

3.5 钢板楼板、墙板清单项目设置及工程量计算规则

钢板楼板、墙板工程量清单项目设置、项目特征描述、计量单位及工程量计算规则应按

表 F.5 的规定执行。

压型钢板楼板、墙板
（编码：010605）   表 F.5

项目编码	项目名称	项目特征	计量单位	工程量计算规则	工程内容
010605001	钢板楼板	1. 钢材品种、规格； 2. 钢板厚度； 3. 螺栓种类； 4. 防火要求	m²	按设计图示尺寸以铺设水平投影面积计算。不扣除单个面积 ≤ 0.3m² 的柱、垛及孔洞所占面积	1. 拼装 2. 安装 3. 探伤 4. 补刷油漆
010605002	钢板墙板	1. 钢材品种、规格； 2. 压型钢板厚度、复合板厚度； 3. 复合板夹芯材料种类、层数、型号、规格		按设计图示尺寸以铺设水平投影面积计算。不扣除单个面积 ≤ 0.3m² 的梁、孔洞所占面积，包角、包边、窗台泛水等不另加面积	

注： 1. 钢板楼板上浇筑钢筋混凝土，其混凝土和钢筋应按 GB 50854—2013 规范附录 E 混凝土及钢筋混凝土工程中相关项目编码列项。

　　　 2. 压型楼板按本表中钢板楼板项目编码列项。

3.6 钢构件清单项目设置 及工程量计算规则

钢构件工程量清单项目设置、项目特征描述、计量单位及工程量计算规则应按表 F.6 的规定执行。

钢构件（编码：010606）　表 F.6

项目编码	项目名称	项目特征	计量单位	工程量计算规则	工程内容
010606001	钢支撑、钢拉条	1. 钢材品种、规格； 2. 构件类型； 3. 安装高度； 4. 螺栓种类； 5. 探伤要求； 6. 防火要求	t	按设计图示尺寸以质量计算。不扣除孔眼的质量，焊条、铆钉、螺栓等不另加质量	1. 拼装 2. 安装 3. 探伤 4. 补刷油漆

项目编码	项目名称	项目特征	计量单位	工程量计算规则	工程内容
010606002	钢檩条	1. 钢材品种、规格； 2. 构件类型； 3. 单根质量； 4. 安装高度； 5. 螺栓种类； 6. 探伤要求； 7. 防火要求	t	按设计图示尺寸以质量计算。不扣除孔眼的质量，焊条、铆钉、螺栓等不另加质量	1. 拼装 2. 安装 3. 探伤 4. 补刷油漆
010606003	钢天窗架	1. 钢材品种、规格； 2. 单榀质量； 3. 安装高度； 4. 螺栓种类； 5. 探伤要求； 6. 防火要求			

项目编码	项目名称	项目特征	计量单位	工程量计算规则	工程内容
010606004	钢挡风架	1. 钢材品种、规格； 2. 单榀质量； 3. 螺栓种类； 4. 探伤要求； 5. 防火要求		按设计图示尺寸以质量计算。不扣除孔眼的质量，焊条、铆钉、螺栓等不另加质量	1. 拼装 2. 安装 3. 探伤 4. 补刷油漆
010606005	钢墙架		t		
010606006	钢平台	1. 钢材品种、规格； 2. 螺栓种类； 3. 防火要求			
010606007	钢走道				

项目编码	项目名称	项目特征	计量单位	工程量计算规则	工程内容
010606008	钢梯	1. 钢材品种、规格； 2. 钢梯形式； 3. 螺栓种类； 4. 防火要求	t	按设计图示尺寸以质量计算。不扣除孔眼的质量，焊条、铆钉、螺栓等不另加质量	1. 拼装 2. 安装 3. 探伤 4. 补刷油漆
010606009	钢护栏	1. 钢材品种、规格； 2. 防火要求			
010606010	钢漏斗	1. 钢材品种、规格； 2. 漏斗、天沟形式； 3. 安装高度； 4. 探伤要求		按设计图示尺寸以质量计算。不扣除孔眼的质量，焊条、铆钉、螺栓等不另加质量，依附漏斗或天沟的型钢并入漏斗或天沟工程量内	

项目编码	项目名称	项目特征	计量单位	工程量计算规则	工程内容
010606011	钢支架	1. 钢材品种、规格； 2. 安装高度； 3. 防火要求	t	按设计图示尺寸以质量计算。不扣除孔眼的质量，焊条、铆钉、螺栓等不另加质量	1. 拼装 2. 安装 3. 探伤 4. 补刷油漆
010606012	零星钢构件	1. 构件名称； 2. 钢材品种、规格			

3.7 金属制品清单项目设置及工程量计算规则

金属制品工程量清单项目设置、项目特征描述、计量单位及工程量计算规则应按表 F.7 规定执行。

金属网（编码：010607）　　表 F.7

项目编码	项目名称	项目特征	计量单位	工程量计算规则	工程内容
010607001	成品空调金属百页护栏	1. 材料品种、规格； 2. 边框材质	m²	按设计图示尺以框外围面积展开计算	1. 安装 2. 校正 3. 预埋铁件及安螺栓
010607002	成品栅栏	1. 材料品种、规格； 2. 边框及立柱型钢品种、规格			1. 安装 2. 校正 3. 预埋铁件 4. 安螺栓及金属立柱
010607003	成品雨棚	1. 材料品种、规格； 2. 雨篷宽度； 3. 晾衣杆品种、规格		1. 以米计量，按设计图示接触边以米计算； 2. 以平方米计量，按设计图示尺寸以展开面积计算	1. 安装 2. 校正 3. 预埋铁件及安螺栓

项目编码	项目名称	项目特征	计量单位	工程量计算规则	工程内容
010607004	金属网栏	1. 材料品种、规格； 2. 边框及立柱型钢品种、规格	m²	按设计图示尺以框外围面积展开计算	1. 安装 2. 校正 3. 安螺栓及金属立柱
010607005	砌块墙钢丝网加固	1. 材料品种、规格； 2. 加固方式		按设计图示尺以面积计算	1. 铺贴 2. 铆固
010607006	后浇带金属网				

注：抹灰钢丝网加固按本表中砌块墙钢丝网加固项目编码列项。

第4章 钢结构工程预算常用型钢规格及重量表

4.1 普通工字钢

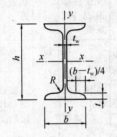

图 4-1 普通工字钢尺寸

符号：h——高度；

b——宽度；　　　　　　　　S_x——半截面的面

t_w——腹板厚度；　　　　　　　　积矩

t——翼缘平均厚度；　　长度：

I——惯性矩；　　　　　型号 10～18，长 5～19m；

W——截面模量；　　　　型号 20～63，长 6～19m

i——回转半径；

普通工字钢规格

表 4-1

型号	尺寸 (mm)					截面积 (cm²)	质量 (kg/m)	x—x轴				y—y轴		
	h	b	t_w	t	R			I_x (cm⁴)	W_x (cm³)	i_x (cm)	I_x/S_x (cm)	I_y (cm⁴)	W_y (cm³)	i_y (cm)
10	100	68	4.5	7.6	6.5	14.3	11.2	245	49	4.14	8.69	33	9.6	1.51
12.6	126	74	5.0	8.4	7.0	18.1	14.2	488	77	5.19	11.0	47	12.7	1.61
14	140	80	5.5	9.1	7.5	21.5	16.9	712	102	5.75	12.2	64	16.1	1.73
16	160	88	6.0	9.9	8.0	26.1	20.5	1127	141	6.57	13.9	93	21.1	1.89
18	180	94	6.5	10.7	8.5	30.7	24.1	1699	185	7.37	15.4	123	26.2	2.00
20 a	200	100	7.0	11.4	9.0	35.5	27.9	2369	237	8.16	17.4	158	31.6	2.11
b		102	9.0			39.5	31.1	2502	250	7.95	17.1	169	33.1	2.07
22 a	220	110	7.5	12.3	9.5	42.1	33.0	3406	310	8.99	19.2	226	41.1	2.32
b		112	9.5			46.5	36.5	3583	326	8.78	18.9	240	42.9	2.27
25 a	250	116	8.0	13.0	10.0	48.5	38.1	5017	401	10.2	21.7	280	48.4	2.40
b		118	10.0			53.5	42.0	5278	422	9.93	21.4	297	50.4	2.36

型号	尺　寸 (mm)					截面积 (cm²)	质量 (kg/m)	x－x轴				y－y轴		
	h	b	t_w	t	R			I_x (cm⁴)	W_x (cm³)	i_x (cm)	I_x/S_x (cm)	I_y (cm⁴)	W_y (cm³)	i_y (cm)
28 a	280	122	8.5	13.7	10.5	55.4	43.5	7115	508	11.3	24.3	344	56.4	2.49
28 b		124	10.5			61.0	47.9	7481	534	11.1	24.0	364	58.7	2.44
32 a	320	130	9.5	15.0	11.5	67.1	52.7	11080	692	12.8	27.7	459	70.6	2.62
32 b		132	11.5			73.5	57.7	11626	727	12.6	27.3	484	73.3	2.57
32 c		134	13.5			79.9	62.7	12173	761	12.3	26.9	510	76.1	2.53
36 a	360	136	10.0	15.8	12.0	76.4	60.0	15796	878	14.4	31.0	555	81.6	2.69
36 b		138	12.0			83.6	65.6	16574	921	14.1	30.6	584	84.6	2.64
36 c		140	14.0			90.8	71.3	17351	964	13.8	30.2	614	87.7	2.60
40 a	400	142	10.5	16.5	12.5	86.1	67.6	21714	1086	15.9	34.4	660	92.9	2.77
40 b		144	12.5			94.1	73.8	22781	1139	15.6	33.9	693	96.2	2.71
40 c		146	14.5			102	80.1	23847	1192	15.3	33.5	727	99.7	2.67

型号	尺 寸					截面积	质量	x—x 轴				y—y 轴		
	h	b	t_w	t	R			I_x	W_x	i_x	I_x/S_x	I_y	W_y	i_y
			(mm)			(cm²)	(kg/m)	(cm⁴)	(cm³)	(cm)	(cm)	(cm⁴)	(cm³)	(cm)
45 a	450	150	11.5	18.0	13.5	102	80.4	32241	1433	17.7	38.5	855	114	2.89
45 b		152	13.5			111	87.4	33759	1500	17.4	38.1	895	118	2.84
45 c		154	15.5			120	94.5	35278	1568	17.1	37.6	938	122	2.79
50 a	500	158	12.0	20.0	14.0	119	93.6	46472	1859	19.7	42.9	1122	142	3.07
50 b		160	14.0			129	101	48556	1942	19.4	42.3	1171	146	3.01
50 c		162	16.0			139	109	50639	2026	19.1	41.9	1224	151	2.96
56 a	560	166	12.5	21.0	14.5	135	106	65576	2342	22.0	47.9	1366	165	3.18
56 b		168	14.5			147	115	68503	2447	21.6	47.3	1424	170	3.12
56 c		170	16.5			158	124	71430	2551	21.3	46.8	1485	175	3.07
63 a	630	176	13.0	22.0	15.0	155	122	94004	2984	24.7	53.8	1702	194	3.32
63 b		178	15.0			167	131	98171	3117	24.2	53.2	1771	199	3.25
63 c		180	17.0			180	141	102339	3249	23.9	52.6	1842	205	3.20

4.2 普通槽钢

符号:
同普通工字钢。但 W_y 为对应翼缘肢尖的截面模量

长度:
型号 5~8, 长 5~12m;
型号 10~18, 长 5~19m;
型号 20~20, 长 6~19m

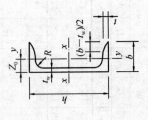

图 4-2 普通槽钢尺寸

普通槽钢规格

表 4-2

型号	尺寸 h	b	t_w	t	R	截面积	质量	$x—x$轴 I_x	W_x	i_x	$y—y$轴 I_y	W_y	i_y	$y_1—y_1$轴 I_{y1}	Z_0
	(mm)					(cm²)	(kg/m)	(cm⁴)	(cm³)	(cm)	(cm⁴)	(cm³)	(cm)	(cm⁴)	(cm)
5	50	37	4.5	7.0	7.0	6.92	5.44	26	10.4	1.94	8.3	3.5	1.10	20.9	1.35
6.3	63	40	4.8	7.5	7.5	8.45	6.63	51	16.3	2.46	11.9	4.6	1.19	28.3	1.39
8	80	43	5.0	8.0	8.0	10.24	8.04	101	25.3	3.14	16.6	5.8	1.27	37.4	1.42
10	100	48	5.3	8.5	8.5	12.74	10.00	198	39.7	3.94	25.6	7.8	1.42	54.9	1.52
12.6	126	53	5.5	9.0	9.0	15.69	12.31	389	61.7	4.98	38.0	10.3	1.56	77.8	1.59
14 a	140	58	6.0	9.5	9.5	18.51	14.53	564	80.5	5.52	53.2	13.0	1.70	107.2	1.71
14 b		60	8.0	9.5	9.5	21.31	16.73	609	87.1	5.35	61.2	14.1	1.69	120.6	1.67
16 a	160	63	6.5	10.0	10.0	21.95	17.23	866	108.3	6.28	73.4	16.3	1.83	144.1	1.79
16 b		65	8.5	10.0	10.0	25.15	19.75	935	116.8	6.10	83.4	17.6	1.82	160.8	1.75
18 a	180	68	7.0	10.5	10.5	25.69	20.17	1273	141.4	7.04	98.6	20.0	1.96	189.7	1.88
18 b		70	9.0	10.5	10.5	29.29	22.99	1370	152.2	6.84	111.0	21.5	1.95	210.1	1.84

续表

型号	尺寸 (mm)					截面积 (cm²)	质量 (kg/m)	x-x轴			y-y轴			y₁-y₁轴	Z₀
	h	b	t_w	t	R			I_x (cm⁴)	W_x (cm³)	i_x (cm)	I_y (cm⁴)	W_y (cm³)	i_y (cm)	I_{y1} (cm⁴)	(cm)
20 a	200	73	7.0	11.0	11.0	28.83	22.63	1780	178.0	7.86	128.0	24.2	2.11	244.0	2.01
20 b		75	9.0	11.0	11.0	32.83	25.77	1914	191.4	7.64	143.6	25.9	2.09	268.4	1.95
22 a	220	77	7.0	11.5	11.5	31.84	24.99	2394	217.6	8.67	157.8	28.2	2.23	298.2	2.10
22 b		79	9.0	11.5	11.5	36.24	28.45	2571	233.8	8.42	176.5	30.1	2.21	326.3	2.03
25 a	250	78	7.0	12.0	12.0	34.91	27.40	3359	268.7	9.81	175.9	30.7	2.24	324.8	2.07
25 b		80	9.0	12.0	12.0	39.91	31.33	3619	289.6	9.52	196.4	32.7	2.22	355.1	1.99
25 c		82	11.0	12.0	12.0	44.91	35.25	3880	310.4	9.30	215.9	34.6	2.19	388.6	1.96
28 a	280	82	7.5	12.5	12.5	40.02	31.42	4753	339.5	10.90	217.9	35.7	2.33	393.3	2.09
28 b		84	9.5	12.5	12.5	45.62	35.81	5118	365.6	10.59	241.5	37.9	2.30	428.5	2.02
28 c		86	11.5	12.5	12.5	51.22	40.21	5484	391.7	10.35	264.1	40.0	2.27	467.3	1.99

型号	尺寸 (mm)					截面积 (cm²)	质量 (kg/m)	x—x轴			y—y轴			y₁—y₁轴	Z₀
	h	b	tw	t	R			I_x (cm⁴)	W_x (cm³)	i_x (cm)	I_y (cm⁴)	W_y (cm³)	i_y (cm)	I_{y1} (cm⁴)	(cm)
32 a	320	88	8.0	14.0	14.0	48.50	38.07	7511	469.4	12.44	304.7	46.4	2.51	547.5	2.24
b		90	10.0	14.0	14.0	54.90	43.10	8057	503.5	12.11	335.6	49.1	2.47	592.9	2.16
c		92	12.0	14.0	14.0	61.30	48.12	8603	537.7	11.85	365.0	51.6	2.44	642.7	2.13
36 a	360	96	9.0	16.0	16.0	60.89	47.80	11874	659.7	13.95	455.0	63.6	2.73	818.5	2.44
b		98	11.0	16.0	16.0	68.09	53.45	12652	702.9	13.63	496.7	66.9	2.70	880.5	2.37
c		100	13.0	16.0	16.0	75.29	59.10	13429	746.1	13.36	536.6	70.0	2.67	948.0	2.34
40 a	400	100	10.5	18.0	18.0	75.04	58.91	17578	878.9	15.30	592.0	78.8	2.81	1057.9	2.49
b		102	12.5	18.0	18.0	83.04	65.19	18644	932.2	14.98	640.6	82.6	2.78	1135.8	2.44
c		104	14.5	18.0	18.0	91.04	71.47	19711	985.6	14.71	687.8	86.2	2.75	1220.3	2.42

4.3 等 边 角 钢

单角钢   双角钢

图 4-3 等边角钢尺寸

等边角钢规格

表 4-3

型号	圆角 R (mm)	重心矩 Z_0 (mm)	截面积 A (cm²)	质量 (kg/m)	惯性矩 I_x (cm⁴)	截面模量 (cm³)		回转半径 (cm)			i_y，当 a 为下列数值 (cm)				
						W_x^{max}	W_x^{min}	i_x	i_{x0}	i_{y0}	6mm	8mm	10mm	12mm	14mm
L20×3	3.5	6.0	1.13	0.89	0.40	0.66	0.29	0.59	0.75	0.39	1.08	1.17	1.25	1.34	1.43
L20×4		6.4	1.46	1.15	0.50	0.78	0.36	0.58	0.73	0.38	1.11	1.19	1.28	1.37	1.46
L25×3	3.5	7.3	1.43	1.12	0.82	1.12	0.46	0.76	0.95	0.49	1.27	1.36	1.44	1.53	1.61
L25×4		7.6	1.86	1.46	1.03	1.34	0.59	0.74	0.93	0.48	1.30	1.38	1.47	1.55	1.64

型号	圆角 R (mm)	重心矩 Z₀ (mm)	截面积 A (cm²)	质量 (kg/m)	惯性矩 I_x (cm⁴)	截面模量 W_x^{max} (cm³)	截面模量 W_x^{min} (cm³)	回转半径 i_x (cm)	回转半径 i_{x0} (cm)	回转半径 i_{y0} (cm)	i_y，当 a 为下列数值 (cm) 6mm	8mm	10mm	12mm	14mm
L30×3	4.5	8.5	1.75	1.37	1.46	1.72	0.68	0.91	1.15	0.59	1.47	1.55	1.63	1.71	1.80
4		8.9	2.28	1.79	1.84	2.08	0.87	0.90	1.13	0.58	1.49	1.57	1.65	1.74	1.82
L36×3	4.5	10.0	2.11	1.66	2.58	2.59	0.99	1.11	1.39	0.71	1.70	1.78	1.86	1.94	2.03
4		10.4	2.76	2.16	3.29	3.18	1.28	1.09	1.38	0.70	1.73	1.80	1.89	1.97	2.05
5		10.7	2.38	2.65	3.95	3.68	1.56	1.08	1.36	0.70	1.75	1.83	1.91	1.99	2.08
L40×3	5	10.9	2.36	1.85	3.59	3.28	1.23	1.23	1.55	0.79	1.86	1.94	2.01	2.09	2.18
4		11.3	3.09	2.42	4.60	4.05	1.60	1.22	1.54	0.79	1.88	1.96	2.04	2.12	2.20
5		11.7	3.79	2.98	5.53	4.72	1.96	1.21	1.52	0.78	1.90	1.98	2.06	2.14	2.23
L45×3	5	12.2	2.66	2.09	5.17	4.25	1.58	1.39	1.76	0.90	2.06	2.14	2.21	2.29	2.37
4		12.6	3.49	2.74	6.65	5.29	2.05	1.38	1.74	0.89	2.08	2.16	2.24	2.32	2.40
5		13.0	4.29	3.37	8.04	6.20	2.51	1.37	1.72	0.88	2.10	2.18	2.26	2.34	2.42
6		13.3	5.08	3.99	9.33	6.99	2.95	1.36	1.71	0.88	2.12	2.20	2.28	2.36	2.44

续表

型号	圆角 R (mm)	重心距 Z_0 (mm)	截面积 A (cm²)	质量 (kg/m)	惯性矩 I_x (cm⁴)	W_x^{max} (cm³)	W_x^{min} (cm³)	i_x (cm)	i_{x0} (cm)	i_{y0} (cm)	i_y 当 a 为下列数值 (cm)				
											6mm	8mm	10mm	12mm	14mm
L50×3	5.5	13.4	2.97	2.33	7.18	5.36	1.96	1.55	1.96	1.00	2.26	2.33	2.41	2.48	2.56
L50×4		13.8	3.90	3.06	9.26	6.70	2.56	1.54	1.94	0.99	2.28	2.36	2.43	2.51	2.59
L50×5		14.2	4.80	3.77	11.21	7.90	3.13	1.53	1.92	0.98	2.30	2.38	2.45	2.53	2.61
L50×6		14.6	5.69	4.46	13.05	8.95	3.68	1.51	1.91	0.98	2.32	2.40	2.48	2.56	2.64
L56×3	6	14.8	3.34	2.62	10.19	6.86	2.48	1.75	2.20	1.13	2.50	2.57	2.64	2.72	2.80
L56×4		15.3	4.39	3.45	13.18	8.63	3.24	1.73	2.18	1.11	2.52	2.59	2.67	2.74	2.82
L56×5		15.7	5.42	4.25	16.02	10.22	3.97	1.72	2.17	1.10	2.54	2.61	2.69	2.77	2.85
L56×8		16.8	8.37	6.57	23.63	14.06	6.03	1.68	2.11	1.09	2.60	2.67	2.75	2.83	2.91
L63×4	7	17.0	4.98	3.91	19.03	11.22	4.13	1.96	2.46	1.26	2.79	2.87	2.94	3.02	3.09
L63×5		17.4	6.14	4.82	23.17	13.33	5.08	1.94	2.45	1.25	2.82	2.89	2.96	3.04	3.12
L63×6		17.8	7.29	5.72	27.12	15.26	6.00	1.93	2.43	1.24	2.83	2.91	2.98	3.06	3.14
L63×8		18.5	9.51	7.47	34.45	18.59	7.75	1.90	2.39	1.23	2.87	2.95	3.03	3.10	3.18
L63×10		19.3	11.66	9.15	41.09	21.34	9.39	1.88	2.36	1.22	2.91	2.99	3.07	3.15	3.23

型号	圆角 R (mm)	重心矩 Z₀ (mm)	截面积 A (cm²)	质量 (kg/m)	惯性矩 I_x (cm⁴)	W_x^{max} (cm³)	W_x^{min} (cm³)	i_x (cm)	i_{x0} (cm)	i_{y0} (cm)	i_y，当 a 为下列数值 (cm) 6mm	8mm	10mm	12mm	14mm
4	8	18.6	5.57	4.37	26.39	14.16	5.14	2.18	2.74	1.40	3.07	3.14	3.21	3.29	3.36
5		19.1	6.88	5.40	32.21	16.89	6.32	2.16	2.73	1.39	3.09	3.16	3.24	3.31	3.39
L70×6　6		19.5	8.16	6.41	37.77	19.39	7.48	2.15	2.71	1.38	3.11	3.18	3.26	3.33	3.41
7		19.9	9.42	7.40	43.09	21.68	8.59	2.14	2.69	1.38	3.13	3.20	3.28	3.36	3.43
8		20.3	10.67	8.37	48.17	23.79	9.68	2.13	2.68	1.37	3.15	3.22	3.30	3.38	3.46
5	9	20.3	7.41	5.82	39.96	19.73	7.30	2.32	2.92	1.50	3.29	3.36	3.43	3.50	3.58
6		20.7	8.80	6.91	46.91	22.69	8.63	2.31	2.91	1.49	3.31	3.38	3.45	3.53	3.60
L75×7　7		21.1	10.16	7.98	53.57	25.42	9.93	2.30	2.89	1.48	3.33	3.40	3.47	3.55	3.63
8		21.5	11.50	9.03	59.96	27.93	11.20	2.28	2.87	1.47	3.35	3.42	3.50	3.57	3.65
10		22.2	14.13	11.09	71.98	32.40	13.64	2.26	2.84	1.46	3.38	3.46	3.54	3.61	3.69
5	9	21.5	7.91	6.21	48.79	22.70	8.34	2.48	3.13	1.60	3.49	3.56	3.63	3.71	3.78
6		21.9	9.40	7.38	57.35	26.16	9.87	2.47	3.11	1.59	3.51	3.58	3.65	3.73	3.80
L80×7　7		22.3	10.86	8.53	65.58	29.38	11.37	2.46	3.10	1.58	3.53	3.60	3.67	3.75	3.83
8		22.7	12.30	9.66	73.50	32.36	12.83	2.44	3.08	1.57	3.55	3.62	3.70	3.77	3.85
10		23.5	15.13	11.87	88.43	37.68	15.64	2.42	3.04	1.56	3.58	3.66	3.74	3.81	3.89

型号	圆角 R (mm)	重心距 Z0 (mm)	截面积 A (cm²)	质量 (kg/m)	惯性矩 Ix (cm⁴)	截面模量 Wx max (cm³)	Wx min (cm³)	回转半径 ix (cm)	ix0	iy0	iy, 当a为下列数值 6mm (cm)	8mm	10mm	12mm	14mm
6		24.4	10.64	8.35	82.77	33.99	12.61	2.79	3.51	1.80	3.91	3.98	4.05	4.12	4.20
7		24.8	12.30	9.66	94.83	38.28	14.54	2.78	3.50	1.78	3.93	4.00	4.07	4.14	4.22
L90×8	10	25.2	13.94	10.95	106.5	42.30	16.42	2.76	3.48	1.78	3.95	4.02	4.09	4.17	4.24
10		25.9	17.17	13.48	128.6	49.57	20.07	2.74	3.45	1.76	3.98	4.06	4.13	4.21	4.28
12		26.7	20.31	15.94	149.2	55.93	23.57	2.71	3.41	1.75	4.02	4.09	4.17	4.25	4.32
6		26.7	11.93	9.37	115.0	43.04	15.68	3.10	3.91	2.00	4.30	4.37	4.44	4.51	4.58
7		27.1	13.80	10.83	131.0	48.57	18.10	3.09	3.89	1.99	4.32	4.39	4.46	4.53	4.61
8		27.6	15.64	12.28	148.2	53.78	20.47	3.08	3.88	1.98	4.34	4.41	4.48	4.55	4.63
L100×10	12	28.4	19.26	15.12	179.5	63.29	25.06	3.05	3.84	1.96	4.38	4.45	4.52	4.60	4.67
12		29.1	22.80	17.90	208.9	71.72	29.47	3.03	3.81	1.95	4.41	4.49	4.56	4.64	4.71
14		29.9	26.26	20.61	236.5	79.19	33.73	3.00	3.77	1.94	4.45	4.53	4.60	4.68	4.75
16		30.6	29.63	23.26	262.5	85.81	37.82	2.98	3.74	1.93	4.49	4.56	4.64	4.72	4.80

型号	圆角 R	重心矩 Z_0 (mm)	截面积 A (cm²)	质量 (kg/m)	惯性矩 I_x (cm⁴)	截面模量 W_x^{max} (cm³)	W_x^{min} (cm³)	回转半径 i_x (cm)	i_{x0} (cm)	i_{y0} (cm)	i_y，当 a 为下列数值 (cm) 6mm	8mm	10mm	12mm	14mm
7	12	29.6	15.20	11.93	177.2	59.78	22.05	3.41	4.30	2.20	4.72	4.79	4.86	4.94	5.01
8		30.1	17.24	13.53	199.5	66.36	24.95	3.40	4.23	2.19	4.74	4.81	4.88	4.96	5.03
L110×10		30.9	21.26	16.69	242.2	78.48	30.60	3.38	4.25	2.17	4.78	4.85	4.92	5.00	5.07
12		31.6	25.20	19.78	282.6	89.34	36.05	3.35	4.22	2.15	4.82	4.89	4.96	5.04	5.11
14		32.4	29.06	22.81	320.7	99.07	41.31	3.32	4.13	2.14	4.85	4.93	5.00	5.08	5.15
8	14	33.7	19.75	15.50	297.0	88.20	32.52	3.88	4.88	2.50	5.34	5.41	5.48	5.55	5.62
10		34.5	24.37	19.13	361.7	104.8	39.97	3.85	4.85	2.48	5.38	5.45	5.52	5.59	5.66
L125×12		35.3	28.91	22.70	423.2	119.9	47.17	3.83	4.82	2.46	5.41	5.48	5.56	5.63	5.70
14		36.1	33.37	26.19	481.7	133.6	54.16	3.80	4.78	2.45	5.45	5.52	5.59	5.67	5.74
10	14	38.2	27.37	21.49	514.7	134.6	50.58	4.34	5.46	2.78	5.98	6.05	6.12	6.20	6.27
L140×12		39.0	32.51	25.52	603.7	154.6	59.80	4.31	5.43	2.77	6.02	6.09	6.16	6.23	6.31
14		39.8	37.57	29.49	688.8	173.0	68.75	4.28	5.40	2.75	6.06	6.13	6.20	6.27	6.34
16		40.6	42.54	33.39	770.2	189.9	77.46	4.26	5.36	2.74	6.09	6.16	6.23	6.31	6.38

型号	圆角 R (mm)	重心距 Z₀ (mm)	截面积 A (cm²)	质量 (kg/m)	惯性矩 I_x (cm⁴)	截面模量 (cm³)		回转半径 (cm)			i_y，当a为下列数值 (cm)				
						W_x^{max}	W_x^{min}	i_x	i_{x0}	i_{y0}	6mm	8mm	10mm	12mm	14mm
L160×10	16	43.1	31.50	24.73	779.5	180.8	66.70	4.97	6.27	3.20	6.78	6.85	6.92	6.99	7.06
12		43.9	37.44	29.39	916.6	208.6	78.98	4.95	6.24	3.18	6.82	6.89	6.96	7.03	7.10
14		44.7	43.30	33.99	1048	234.4	90.95	4.92	6.20	3.16	6.86	6.93	7.00	7.07	7.14
16		45.5	49.07	38.52	1175	258.3	102.6	4.89	6.17	3.14	6.89	6.96	7.03	7.10	7.18
L180×12	16	48.9	42.24	33.16	1321	270.0	100.8	5.59	7.05	3.58	7.63	7.70	7.77	7.84	7.91
14		49.7	48.90	38.38	1514	304.6	116.3	5.57	7.02	3.57	7.67	7.74	7.81	7.88	7.95
16		50.5	55.47	43.54	1701	336.6	131.4	5.54	6.98	3.55	7.70	7.77	7.84	7.91	7.98
18		51.3	61.95	48.63	1881	367.1	146.1	5.51	6.94	3.53	7.73	7.80	7.87	7.95	8.02
L200×14	18	54.6	54.64	42.89	2104	385.1	144.7	6.20	7.82	3.98	8.47	8.54	8.61	8.67	8.75
16		55.4	62.01	48.68	2366	427.0	163.5	6.18	7.79	3.96	8.50	8.57	8.64	8.71	8.78
18		56.2	69.30	54.40	2621	466.5	182.2	6.15	7.75	3.94	8.53	8.60	8.67	8.75	8.82
20		56.9	76.50	60.06	2867	503.6	200.4	6.12	7.72	3.93	8.57	8.64	8.71	8.78	8.85
24		58.4	90.66	71.17	3338	571.5	235.8	6.07	7.64	3.90	8.63	8.71	8.78	8.85	8.92

4.4 不等边角钢

图 4-4 不等边角钢尺寸

单角钢　双角钢

不等边角钢规格

表 4-4

角钢型号 B×b×t	圆角 R (mm)	重心矩 (mm)		截面积 A (cm²)	质量 (kg/m)	回转半径 (cm)			i_{y1}，当 a 为下列数值 (cm)				i_{y2}，当 a 为下列数值 (cm)			
		Z_x	Z_y			i_x	i_v	i_{y0}	6mm	8mm	10mm	12mm	6mm	8mm	10mm	12mm
L25×16×3	3.5	4.2	8.6	1.16	0.91	0.44	0.78	0.34	0.84	0.93	1.02	1.11	1.40	1.48	1.57	1.65
L25×16×4		4.6	9.0	1.50	1.18	0.43	0.77	0.34	0.87	0.96	1.05	1.14	1.42	1.51	1.60	1.68

续表

角钢型号 $B \times b \times t$	圆角 R (mm)	重心矩 Z_x (mm)	重心矩 Z_y (mm)	截面积 A (cm²)	质量 (kg/m)	回转半径 i_x (cm)	回转半径 i_y (cm)	回转半径 i_{y0} (cm)	i_{y1}，当 a 为下列数值 (cm) 6mm	8mm	10mm	12mm	i_{y2}，当 a 为下列数值 (cm) 6mm	8mm	10mm	12mm
L32×20×3	3.5	4.9	10.8	1.49	1.17	0.55	1.01	0.43	0.97	1.05	1.14	1.23	1.71	1.79	1.88	1.96
L32×20×4		5.3	11.2	1.94	1.52	0.54	1.00	0.43	0.99	1.08	1.16	1.25	1.74	1.82	1.90	1.99
L40×25×3	4	5.9	13.2	1.89	1.48	0.70	1.28	0.54	1.13	1.21	1.30	1.38	2.07	2.14	2.23	2.31
L40×25×4		6.3	13.7	2.47	1.94	0.69	1.26	0.54	1.16	1.24	1.32	1.41	2.09	2.17	2.25	2.34
L45×28×3	5	6.4	14.7	2.15	1.69	0.79	1.44	0.61	1.23	1.31	1.39	1.47	2.28	2.36	2.44	2.52
L45×28×4		6.8	15.1	2.81	2.20	0.78	1.43	0.60	1.25	1.33	1.41	1.50	2.31	2.39	2.47	2.55
L50×32×3	5.5	7.3	16.0	2.43	1.91	0.91	1.60	0.70	1.38	1.45	1.53	1.61	2.49	2.56	2.64	2.72
L50×32×4		7.7	16.5	3.18	2.49	0.90	1.59	0.69	1.40	1.47	1.55	1.64	2.51	2.59	2.67	2.75
L56×36×3	6	8.0	17.8	2.74	2.15	1.03	1.80	0.79	1.51	1.59	1.66	1.74	2.75	2.82	2.90	2.98
L56×36×4		8.5	18.2	3.59	2.82	1.02	1.79	0.78	1.53	1.61	1.69	1.77	2.77	2.85	2.93	3.01
L56×36×5		8.8	18.7	4.42	3.47	1.01	1.77	0.78	1.56	1.63	1.71	1.79	2.80	2.88	2.96	3.04

角钢型号 B×b×t	圆角 R	重心矩		截面积 A	质量	回转半径			i_{y1}，当 a 为下列数值				i_{y2}，当 a 为下列数值			
		Z_x	Z_y			i_x	i_v	i_{y0}	6mm	8mm	10mm	12mm	6mm	8mm	10mm	12mm
		(mm)		(cm²)	(kg/m)	(cm)			(cm)				(cm)			
L63×40× 4	7	9.2	20.4	4.06	3.19	1.14	2.02	0.88	1.66	1.74	1.81	1.89	3.09	3.16	3.24	3.32
5		9.5	20.8	4.99	3.92	1.12	2.00	0.87	1.68	1.76	1.84	1.92	3.11	3.19	3.27	3.35
6		9.9	21.2	5.91	4.64	1.11	1.99	0.86	1.71	1.78	1.86	1.94	3.13	3.21	3.29	3.37
7		10.3	21.6	6.80	5.34	1.10	1.96	0.86	1.73	1.80	1.88	1.97	3.15	3.23	3.30	3.39
L70×45× 4	7.5	10.2	22.3	4.55	3.57	1.29	2.25	0.99	1.84	1.91	1.99	2.07	3.39	3.46	3.54	3.62
5		10.6	22.8	5.61	4.40	1.28	2.23	0.98	1.86	1.94	2.01	2.09	3.41	3.49	3.57	3.64
6		11.0	23.2	6.64	5.22	1.26	2.22	0.97	1.88	1.96	2.04	2.11	3.44	3.51	3.59	3.67
7		11.3	23.6	7.66	6.01	1.25	2.20	0.97	1.90	1.98	2.06	2.14	3.46	3.54	3.61	3.69
L75×50× 5	8	11.7	24.0	6.13	4.81	1.43	2.39	1.09	2.06	2.13	2.20	2.28	3.60	3.68	3.76	3.83
6		12.1	24.4	7.26	5.70	1.42	2.38	1.08	2.08	2.15	2.23	2.30	3.63	3.70	3.78	3.86
8		12.9	25.2	9.47	7.43	1.40	2.35	1.07	2.12	2.19	2.27	2.35	3.67	3.75	3.83	3.91
10		13.6	26.0	11.6	9.10	1.38	2.33	1.06	2.16	2.24	2.31	2.40	3.71	3.79	3.87	3.96

125

续表

角钢型号 $B \times b \times t$	圆角 R	重心矩 Z_x (mm)	重心矩 Z_y (mm)	截面积 A (cm²)	质量 (kg/m)	回转半径 i_x (cm)	回转半径 i_v (cm)	回转半径 i_{y0} (cm)	i_{y1}，当 a 为下列数值 (cm) 6mm	8mm	10mm	12mm	i_{y2}，当 a 为下列数值 (cm) 6mm	8mm	10mm	12mm
L80×50×5	8	11.4	26.0	6.38	5.00	1.42	2.57	1.10	2.02	2.09	2.17	2.24	3.88	3.95	4.03	4.10
6		11.8	26.5	7.56	5.93	1.41	2.55	1.09	2.04	2.11	2.19	2.27	3.90	3.98	4.05	4.13
7		12.1	26.9	8.72	6.85	1.39	2.54	1.08	2.06	2.13	2.21	2.29	3.92	4.00	4.08	4.16
8		12.5	27.3	9.87	7.75	1.38	2.52	1.07	2.08	2.15	2.23	2.31	3.94	4.02	4.10	4.18
L90×56×5	9	12.5	29.1	7.21	5.66	1.59	2.90	1.23	2.22	2.29	2.36	2.44	4.32	4.39	4.47	4.55
6		12.9	29.5	8.56	6.72	1.58	2.88	1.22	2.24	2.31	2.39	2.46	4.34	4.42	4.50	4.57
7		13.3	30.0	9.88	7.76	1.57	2.87	1.22	2.26	2.33	2.41	2.49	4.37	4.44	4.52	4.60
8		13.6	30.4	11.2	8.78	1.56	2.85	1.21	2.28	2.35	2.43	2.51	4.39	4.47	4.54	4.62
L100×63×6	10	14.3	32.4	9.62	7.55	1.79	3.21	1.38	2.49	2.56	2.63	2.71	4.77	4.85	4.92	5.00
7		14.7	32.8	11.1	8.72	1.78	3.20	1.37	2.51	2.58	2.65	2.73	4.80	4.87	4.95	5.03
8		15.0	33.2	12.6	9.88	1.77	3.18	1.37	2.53	2.60	2.67	2.75	4.82	4.90	4.97	5.05
10		15.8	34.0	15.5	12.1	1.75	3.15	1.35	2.57	2.64	2.72	2.79	4.86	4.94	5.02	5.10

角钢型号 B×b×t	圆角 R (mm)	重心矩 Z_x (mm)	重心矩 Z_y (mm)	截面积 A (cm²)	质量 (kg/m)	回转半径 i_x (cm)	回转半径 i_y (cm)	回转半径 i_y0 (cm)	i_y1 当a为下列数值 6mm (cm)	8mm	10mm	12mm	i_y2 当a为下列数值 6mm (cm)	8mm	10mm	12mm
L100×80×7	10	19.7	29.5	10.6	8.35	2.40	3.17	1.73	3.31	3.38	3.45	3.52	4.54	4.62	4.69	4.76
		20.1	30.0	12.3	9.66	2.39	3.16	1.71	3.32	3.39	3.47	3.54	4.57	4.64	4.71	4.79
		20.5	30.4	13.9	10.9	2.37	3.15	1.71	3.34	3.41	3.49	3.56	4.59	4.66	4.73	4.81
		21.3	31.2	17.2	13.5	2.35	3.12	1.69	3.38	3.45	3.53	3.60	4.63	4.70	4.78	4.85
L110×70×7	10	15.7	35.3	10.6	8.35	2.01	3.54	1.54	2.74	2.81	2.88	2.96	5.21	5.29	5.36	5.44
		16.1	35.7	12.3	9.66	2.00	3.53	1.53	2.76	2.83	2.90	2.98	5.24	5.31	5.39	5.46
		16.5	36.2	13.9	10.9	1.98	3.51	1.53	2.78	2.85	2.92	3.00	5.26	5.34	5.41	5.49
		17.2	37.0	17.2	13.5	1.96	3.48	1.51	2.82	2.89	2.96	3.04	5.30	5.38	5.46	5.53
L125×80×10	11	18.0	40.1	14.1	11.1	2.30	4.02	1.76	3.11	3.18	3.25	3.33	5.90	5.97	6.04	6.12
		18.4	40.6	16.0	12.6	2.29	4.01	1.75	3.13	3.20	3.27	3.35	5.92	5.99	6.07	6.14
		19.2	41.4	19.7	15.5	2.26	3.98	1.74	3.17	3.24	3.31	3.39	5.96	6.04	6.11	6.19
		20.0	42.2	23.4	18.3	2.24	3.95	1.72	3.21	3.28	3.35	3.43	6.00	6.08	6.16	6.23
L140×90×12	12	20.4	45.0	18.0	14.2	2.59	4.50	1.98	3.49	3.56	3.63	3.70	6.58	6.65	6.73	6.80
		21.2	45.8	22.3	17.5	2.56	4.47	1.96	3.52	3.59	3.66	3.73	6.62	6.70	6.77	6.85
		21.9	46.6	26.4	20.7	2.54	4.44	1.95	3.56	3.63	3.70	3.77	6.66	6.74	6.81	6.89
		22.7	47.4	30.5	23.9	2.51	4.42	1.94	3.59	3.66	3.74	3.81	6.70	6.78	6.86	6.93

角钢型号 $B \times b \times t$	圆角 R (mm)	重心矩 (mm)		截面积 A (cm²)	质量 (kg/m)	回转半径 (cm)			i_{y1}，当a为下列数值 (cm)				i_{y2}，当a为下列数值 (cm)			
		Z_x	Z_y			i_x	i_v	i_{y0}	6mm	8mm	10mm	12mm	6mm	8mm	10mm	12mm
L160×100×10	13	22.8	52.4	25.3	19.9	2.85	5.14	2.19	3.84	3.91	3.98	4.05	7.55	7.63	7.70	7.78
L160×100×12		23.6	53.2	30.1	23.6	2.82	5.11	2.18	3.87	3.94	4.01	4.09	7.60	7.67	7.75	7.82
L160×100×14		24.3	54.0	34.7	27.2	2.80	5.08	2.16	3.91	3.98	4.05	4.12	7.64	7.71	7.79	7.86
L160×100×16		25.1	54.8	39.3	30.8	2.77	5.05	2.15	3.94	4.02	4.09	4.16	7.68	7.75	7.83	7.90
L180×110×10	14	24.4	58.9	28.4	22.3	3.13	5.81	2.42	4.16	4.23	4.30	4.36	8.49	8.56	8.63	8.71
L180×110×12		25.2	59.8	33.7	26.5	3.10	5.78	2.40	4.19	4.26	4.33	4.40	8.53	8.60	8.68	8.75
L180×110×14		25.9	60.6	39.0	30.6	3.08	5.75	2.39	4.23	4.30	4.37	4.44	8.57	8.64	8.72	8.79
L180×110×16		26.7	61.4	44.1	34.6	3.05	5.72	2.37	4.26	4.33	4.40	4.47	8.61	8.68	8.76	8.84
L200×125×12	14	28.3	65.4	37.9	29.8	3.57	6.44	2.75	4.75	4.82	4.88	4.95	9.39	9.47	9.54	9.62
L200×125×14		29.1	66.2	43.9	34.4	3.54	6.41	2.73	4.78	4.85	4.92	4.99	9.43	9.51	9.58	9.66
L200×125×16		29.9	67.0	49.7	39.0	3.52	6.38	2.71	4.81	4.88	4.95	5.02	9.47	9.55	9.62	9.70
L200×125×18		30.6	67.8	55.5	43.6	3.49	6.35	2.70	4.85	4.92	4.99	5.06	9.51	9.59	9.66	9.74

注: 一个角钢的惯性矩 $I_x = A\bar{i}_x^2$，$I_y = A\bar{i}_y^2$；一个角钢的截面模量 $W_x^{max} = I_x/Z_x$，$W_x^{min} = I_x/(b - Z_x)$；

$W_y^{max} = I_y/Z_y$，$W_y^{min} = I_y/(B - Z_y)$。

4.5 H 型 钢

符号：H——宽度；
B——宽度；
t_1——腹板厚度；
t_2——翼缘厚度；
r——圆角半径

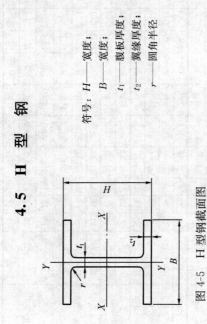

图 4-5 H 型钢截面图

H型钢截面尺寸、截面面积、理论重量及截面特性　　表4-5

类别	型号 (高度×宽度) mm×mm	截面尺寸(mm) H	宽	t_1	t_2	r	截面面积 (cm²)	理论重量 (kg/m)	惯性矩 (cm⁴) I_x	I_y	惯性半径 (cm) i_x	i_y	截面模数 (cm³) W_x	W_y
HW	100×100	100	100	6	8	8	21.58	16.9	378	134	4.18	2.48	75.6	26.7
	125×125	125	125	6.5	9	8	30.00	23.6	839	293	5.28	3.12	134	46.9
	150×150	150	150	7	10	8	39.64	31.1	1620	563	6.39	3.76	216	75.1
	175×175	175	175	7.5	11	13	51.42	40.4	2900	984	7.50	4.37	331	112
	200×200	200	200	8	12	13	63.53	49.9	4720	1600	8.61	5.02	472	160
		*200	204	12	12	13	71.53	56.2	4980	1700	8.34	4.87	498	167
	250×250	*244	252	11	11	13	81.31	63.8	8700	2940	10.3	6.01	713	233
		250	250	9	14	13	91.43	71.8	10700	3650	10.8	6.31	860	292
		*250	255	14	14	13	103.9	81.6	11400	3880	10.5	6.10	912	304
	300×300	294	302	12	12	13	106.3	83.5	16600	5510	12.5	7.20	1130	365
		300	300	10	15	13	118.5	93.0	20200	6750	13.1	7.55	1350	450
		*300	305	15	15	13	133.5	105	21300	7100	12.6	7.29	1420	466

类别	型号 (高度×宽度) mm×mm	截面尺寸（mm）					截面面积 （cm²）	理论 重量 （kg/m）	惯性矩（cm⁴）		惯性半径 （cm）		截面模数 （cm³）	
		H	B	t_1	t_2	r			I_x	I_y	i_x	i_y	W_x	W_y
HW	350×350	*338	351	13	13	13	133.3	105	27700	9380	14.4	8.38	1640	534
		*344	348	10	16	13	144.0	113	32500	11200	15.1	8.83	1910	646
		*344	354	16	16	13	164.7	129	34900	11800	14.6	8.48	2030	669
		350	350	12	19	13	171.9	135	39800	13600	15.2	8.88	2280	776
		*350	357	19	19	13	196.4	154	42300	14400	14.7	8.57	2420	808
	400×400	*388	402	15	15	22	178.5	140	49000	16300	16.6	9.54	2520	809
		*394	398	11	18	22	186.8	147	56100	18900	17.3	10.1	2850	951
		*394	405	18	18	22	214.4	168	59700	20000	16.7	9.64	3030	985
		400	400	13	21	22	218.7	172	66600	22400	16.7	10.1	3330	1120
		*400	408	21	21	22	250.7	197	70900	23800	16.8	9.74	3540	1170
		*414	405	18	28	22	295.4	232	92800	31000	17.7	10.2	4480	1530
		*428	407	20	35	22	360.7	283	119000	39400	18.2	10.4	5570	1930
		*458	417	30	50	22	528.6	415	187000	60500	18.8	10.7	8170	2900
		*498	432	45	70	22	770.1	604	298000	94400	19.7	11.1	12000	4370

类别	型号(高度×宽度) mm×mm	截面尺寸(mm)					截面面积(cm²)	理论重量(kg/m)	惯性矩(cm⁴)		惯性半径(cm)		截面模数(cm³)	
		H	B	t_1	t_2	r			I_x	I_y	i_x	i_y	W_x	W_y
HW	500×500	*492	465	15	20	22	258.0	202	117000	33500	21.3	11.4	4770	1440
	500×500	*502	465	15	25	22	304.5	239	146000	41900	21.9	11.7	5810	1800
	500×500	*502	470	20	25	22	329.6	259	151000	43300	21.4	11.5	6020	1840
HM	150×100	148	100	6	9	8	26.34	20.7	1000	150	6.16	2.38	135	30.1
	200×150	194	150	6	9	8	38.10	29.9	2630	507	8.30	3.64	271	67.6
	250×175	244	175	7	11	13	55.49	43.6	6040	984	10.4	4.21	495	112
	300×200	294	200	8	12	13	71.05	55.8	11100	1600	12.5	4.74	756	160
	300×200	*298	201	9	14	13	82.03	64.4	13100	1900	12.6	4.80	878	189
	350×250	340	250	9	14	13	99.53	78.1	21200	3650	14.6	6.05	1250	292
	400×300	390	300	10	16	13	133.3	105	37900	7200	16.9	7.35	1940	480
	450×300	440	300	11	18	13	153.9	121	54700	8110	18.9	7.25	2490	540

续表

类别	型号 (高度×宽度) mm×mm	截面尺寸 (mm)					截面面积 (cm²)	理论重量 (kg/m)	惯性矩 (cm⁴)		惯性半径 (cm)		截面模数 (cm³)	
		H	B	t_1	t_2	r			I_x	I_y	i_x	i_y	W_x	W_y
HM	500×300	*482	300	11	15	13	141.2	111	58300	6760	20.3	6.91	2420	450
		488	300	11	18	13	159.2	125	68900	8110	20.8	7.13	2820	540
	550×300	*544	300	11	15	13	148.0	116	76400	6760	22.7	6.75	2810	450
		*550	300	11	18	13	166.0	130	89800	8110	23.3	6.98	3270	540
	600×300	*582	300	12	17	13	169.2	133	98900	7660	24.2	6.72	3400	511
		588	300	12	20	13	187.2	147	114000	9010	24.7	6.93	3890	601
		*594	302	14	23	13	217.1	170	134000	10600	24.8	6.97	4500	700
HN	*100×50	100	50	5	7	8	11.84	9.30	187	14.8	3.97	1.11	37.5	5.91
	*125×60	125	60	6	8	8	16.68	13.1	409	29.1	4.95	1.32	65.4	9.71
	150×75	150	75	5	7	8	17.84	14.0	666	49.5	6.10	1.66	88.8	13.2
	175×90	175	90	5	8	8	22.89	18.0	1210	97.5	7.25	2.06	138	21.7

续表

类别	型号 (高度×宽度) mm×mm	截面尺寸(mm)					截面积 (cm²)	理论重量 (kg/m)	惯性矩(cm⁴)		惯性半径(cm)		截面模数(cm³)	
		H	B	t_1	t_2	r			I_x	I_y	i_x	i_y	W_x	W_y
HN	200×100	*198	99	4.5	7	8	22.68	17.8	1540	113	8.24	2.23	156	22.9
		200	100	5.5	8	8	26.66	20.9	1810	134	8.22	2.23	181	26.7
	250×125	*248	124	5	8	8	31.98	25.1	3450	255	10.4	2.82	278	41.1
		250	125	6	9	8	36.96	29.0	3960	294	10.4	2.81	317	47.0
	300×150	*298	149	5.5	8	13	40.80	32.0	6320	442	12.4	3.29	424	59.3
		300	150	6.5	9	13	46.78	36.7	7210	508	12.4	3.29	481	67.7
	350×175	*346	174	6	9	13	52.45	41.2	11000	791	14.5	3.88	638	91.0
		350	175	7	11	13	62.91	49.4	13500	984	14.6	3.95	771	112
	400×150	400	150	8	13	13	70.37	55.2	18600	734	16.3	3.22	929	97.8
	400×200	*396	199	7	11	13	71.41	56.1	19800	1450	16.6	4.50	999	145
		400	200	8	13	13	83.37	65.4	23500	1740	16.8	4.56	1170	174

类别	型号 (高度×宽度) mm×mm	截面尺寸(mm)					截面面积 (cm²)	理论重量 (kg/m)	惯性矩(cm⁴)		惯性半径(cm)		截面模数(cm³)	
		H	B	t_1	t_2	r			I_x	I_y	i_x	i_y	W_x	W_y
HN	450×150	*446	150	7	12	13	66.99	52.6	22000	677	18.1	3.17	985	90.3
		*450	151	8	14	13	77.49	60.8	25700	806	18.2	3.22	1140	107
	150×200	*446	199	8	12	13	82.97	65.1	28100	1580	18.4	4.36	1260	159
		450	200	9	14	13	95.43	74.9	32900	1870	18.6	4.42	1460	187
	475×150	*470	150	7	13	13	71.53	56.2	26200	733	19.1	3.20	1110	97.8
		*475	151.5	8.5	15.5	13	86.15	67.6	31700	901	19.2	3.23	1330	119
		482	153.5	10.5	19	13	106.4	83.5	39600	1150	19.3	3.28	1640	150
	500×150	*492	150	7	12	13	70.21	55.1	27500	677	19.8	3.10	1120	90.3
		*500	152	9	16	13	92.21	72.4	37000	940	20.0	3.19	1480	124
		504	153	10	18	13	103.3	81.1	41900	1080	20.1	3.23	1660	141

类别	型号 (高度×宽度) mm×mm	截面尺寸 (mm)					截面面积 (cm²)	理论重量 (kg/m)	惯性矩 (cm⁴)		惯性半径 (cm)		截面模数 (cm³)	
		H	B	t_1	t_2	r			I_x	I_y	i_x	i_y	W_x	W_y
HN	500×200	*496	199	9	14	13	99.29	77.9	40800	1840	20.3	4.30	1650	185
		500	200	10	16	13	112.3	88.1	46800	2140	20.4	4.36	1870	214
		*506	201	11	19	13	129.3	102	55500	2580	20.7	4.46	2190	257
	550×200	*546	199	9	14	13	103.8	81.5	50800	1840	22.1	4.21	1860	185
		550	200	10	16	13	117.3	92.0	58200	2140	22.3	4.27	2120	214
	600×200	*596	199	10	15	13	117.8	92.4	66600	1980	23.8	4.09	2240	199
		600	200	11	17	13	131.7	103	75600	2270	24.0	4.15	2520	227
		*606	201	12	20	13	149.8	118	88300	2720	24.3	4.25	2910	270
	625×200	*625	198.5	13.5	17.5	13	150.6	118	885000	2300	24.2	3.90	2830	231
		630	200	15	20	13	170.0	133	101000	2690	24.4	3.97	3220	268
		*638	202	17	24	13	198.7	156	122000	3320	24.8	4.09	3820	329

类别	型号 (高度×宽度) mm×mm	截面尺寸 (mm)					截面面积 (cm²)	理论重量 (kg/m)	惯性矩 (cm⁴)		惯性半径 (cm)		截面模数 (cm³)	
		H	B	t_1	t_2	r			I_x	I_y	i_x	i_y	W_x	W_y
HN	650×300	*646	299	10	15	13	152.8	120	110000	6690	26.9	6.61	3410	447
		*650	300	11	17	13	171.2	134	125000	7660	27.0	6.68	3850	511
		*656	301	12	20	13	195.8	154	147000	9100	27.4	6.81	4470	605
	700×300	*692	300	13	20	18	207.5	163	168000	9020	28.5	6.59	4870	601
		700	300	13	24	18	231.5	182	197000	10800	29.2	6.83	5640	721
	750×300	*734	299	12	16	18	182.7	143	161000	7140	29.7	6.25	4390	478
		*742	300	13	20	18	214.0	168	197000	9020	30.4	6.49	5320	601
		*750	300	13	24	18	238.0	187	231000	10800	31.1	6.74	6150	721
		*758	303	16	28	18	284.8	224	276000	13000	31.1	6.75	7270	859
	800×300	*792	300	14	22	18	239.5	188	248000	9920	32.2	6.43	6270	661
		800	300	14	26	18	263.5	207	286000	11700	33.0	6.66	7160	781

类别	型号 (高度×宽度) mm×mm	截面尺寸 (mm)					截面面积 (cm²)	理论重量 (kg/m)	惯性矩 (cm⁴)		惯性半径 (cm)		截面模数 (cm³)	
		H	B	t₁	t₂	r			I_x	I_y	i_x	i_y	W_x	W_y
HN	850×300	*834	298	14	19	18	227.5	179	251000	8400	33.2	6.07	6020	564
		*842	299	15	23	18	259.7	204_	298000	10300	33.9	6.28	7080	687
		*850	300	16	27	18	292.1	229	346000	12200	34.4	6.45	8140	812
		*858	301	17	31	18	324.7	255	395000	14100	34.9	6.59	9210	939
	900×300	*890	299	15	23	18	266.9	210	339000	10300	35.6	6.20	7610	687
		900	300	16	28	18	305.8	240	404000	12600	36.4	6.42	8990	842
		*912	302	18	34	18	360.1	283	491000	15700	36.9	6.59	10800	1040
	1000×300	*970	297	16	21	18	276.0	217	393000	9210	37.8	5.77	8110	620
		*980	298	17	26	18	315.5	248	472000	11500	38.7	6.04	9630	772
		*990	298	17	31	18	345.3	271	544000	13700	39.7	6.30	11000	921
		*1000	300	19	36	18	395.1	310	634000	16300	40.1	6.41	12700	1080
		*1008	302	21	40	18	439.3	345	712000	18400	40.3	6.47	14100	1220

类别	型号 (高度×宽度) mm×mm	截面尺寸(mm)					截面面积 (cm²)	理论重量 (kg/m)	惯性矩 (cm⁴)		惯性半径 (cm)		截面模数 (cm³)	
		H	B	t_1	t_2	r			I_x	I_y	i_x	i_y	W_x	W_y
HT	100×50	95	48	3.2	4.5	8	7.620	5.98	115	8.39	3.88	1.04	24.2	3.49
		97	49	4	5.5	8	9.370	7.36	143	10.9	3.91	1.07	29.6	4.45
	100×100	96	99	4.5	6	8	16.20	12.7	272	97.2	4.09	2.44	56.7	19.6
	125×60	118	58	3.2	4.5	8	9.250	7.26	218	14.7	4.85	1.26	37.0	5.08
		120	59	4	5.5	8	11.39	8.94	271	19.0	4.87	1.29	45.2	6.43
	125×125	119	123	4.5	6	8	20.12	15.8	532	186	5.14	3.04	89.5	30.3
	150×75	145	73	3.2	4.5	8	11.47	9.00	416	29.3	6.01	1.59	57.3	8.02
		147	74	4	5.5	8	14.12	11.1	516	37.3	6.04	1.62	70.2	10.1
	150×100	139	97	3.2	4.5	8	13.43	10.6	476	68.6	5.94	2.25	68.4	14.1
		142	99	4.5	6	8	18.27	14.3	654	97.2	5.98	2.30	92.1	19.6

类别	型号 (高度×宽度) mm×mm	截面尺寸 (mm)					截面面积 (cm²)	理论重量 (kg/m)	惯性矩 (cm⁴)		惯性半径 (cm)		截面模数 (cm³)	
		H	B	t_1	t_2	r			I_x	I_y	i_x	i_y	W_x	W_y
HT	150×150	144	148	5	7	8	27.76	21.8	1090	378	6.25	3.69	151	51.1
	150×150	147	149	6	8.5	8	33.67	26.4	1350	469	6.32	3.73	183	63.0
	175×90	168	88	3.2	4.5	8	13.55	10.6	670	51.2	7.02	1.94	79.7	11.6
	175×90	171	89	4	6	8	17.58	13.8	894	70.7	7.13	2.00	105	15.9
	175×175	167	173	5	7	13	33.32	26.2	1780	605	7.30	4.26	213	69.9
	175×175	172	175	6.5	9.5	13	44.64	35.0	2470	850	7.43	4.36	287	97.1
	200×100	193	98	3.2	4.5	8	15.25	12.0	994	70.7	8.07	2.15	103	14.4
	200×100	196	99	4	6	8	19.78	15.5	1320	97.2	8.18	2.21	135	19.6
	200×150	188	149	4.5	6	8	26.34	20.7	1730	331	8.09	3.54	184	44.4
	200×200	192	198	6	8	13	43.69	34.3	3060	1040	8.37	4.86	319	105

类别	型号 (高度×宽度) mm×mm	截面尺寸(mm)					截面面积 (cm²)	理论重量 (kg/m)	惯性矩 (cm⁴)		惯性半径 (cm)		截面模数 (cm³)	
		H	B	t_1	t_2	r			I_x	I_y	i_x	i_y	W_x	W_y
HT	250×125	244	124	4.5	6	8	25.86	20.3	2650	191	10.1	2.71	217	30.8
	250×175	238	173	4.5	8	13	39.12	30.7	4240	691	10.4	4.20	356	79.9
	300×150	294	148	4.5	6	13	31.90	25.0	4800	325	12.3	3.19	327	43.9
	300×200	286	198	6	8	13	49.33	38.7	7360	1040	12.2	4.58	515	105
	350×175	340	173	4.5	6	13	36.97	29.0	7490	518	14.2	3.74	441	59.9
	400×150	390	148	6	8	13	47.57	37.3	11700	434	15.7	3.01	602	58.6
	400×200	390	198	6	8	13	55.57	43.6	14700	1040	16.2	4.31	752	105

注1：表中同一型号的产品，其内侧尺寸高度一致。

2：表中截面积计算公式为："$t_1(H-2t_2)+2Bt_2+0.858r^2$"。

3：表中"*"表示的规格为市场非常用规格。

4.6 T型钢

符号：h —— 高度；
B —— 宽度；
t_1 —— 腹板厚度；
t_2 —— 翼缘厚度；
r —— 圆角半径；
C_x —— 重心。

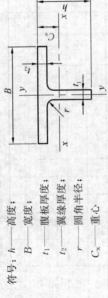

图 4-6 剖分 T 型钢截面图

剖分 T 型钢截面尺寸、截面面积、理论重量及截面特性　表 4-6

类别	型号 (高度×宽度) (mm×mm)	截面尺寸(mm)					截面面积 (cm²)	理论重量 (kg/m)	惯性矩 (cm⁴)		惯性半径 (cm)		截面模数 (cm³)		重心 C_x (cm)	对应 H 型钢系列型号
		H	B	t_1	t_2	r			I_x	I_y	i_x	i_y	W_x	W_y		
TW	50×100	50	100	6	8	8	10.79	8.47	16.1	66.8	1.22	2.48	4.02	13.4	1.00	100×100

142

续表

类别	型号 (高度×宽度)(mm×mm)	截面尺寸(mm)					截面面积(cm²)	理论重量(kg/m)	惯性矩(cm⁴)		惯性半径(cm)		截面模数(cm³)		重心 C_x (cm)	对应H型钢系列型号
		H	B	t_1	t_2	r			I_x	I_y	i_x	i_y	W_x	W_y		
TW	62.5×125	62.5	125	6.5	9	8	15.00	11.8	35.0	147	1.52	3.12	6.91	23.5	1.19	125×125
	75×150	75	150	7	10	8	19.82	15.6	66.4	282	1.82	3.76	10.8	37.5	1.37	150×150
	87.5×175	87.5	175	7.5	11	13	25.71	20.2	115	492	2.11	4.37	15.9	56.2	1.55	175×175
	100×200	100	200	8	12	13	31.76	24.9	184	801	2.40	5.02	22.3	80.1	1.73	200×200
		100	204	12	12	13	35.76	28.1	256	851	2.67	4.87	32.4	83.4	2.09	200×200
	125×250	125	250	9	14	13	45.71	35.9	412	1820	3.00	6.31	39.5	146	2.08	250×250
		125	255	14	14	13	51.96	40.8	589	1940	3.36	6.10	59.4	152	2.58	250×250
	150×300	147	302	12	12	13	53.16	41.7	857	2760	4.01	7.20	72.3	183	2.85	300×300
		150	300	10	15	13	59.22	46.5	798	3380	3.67	7.55	63.7	225	2.47	300×300
		150	305	15	15	13	66.72	52.4	1110	3550	4.07	7.29	92.5	233	3.04	300×300
	175×350	172	348	10	16	13	72.00	56.5	1230	5620	4.13	8.83	84.7	323	2.67	350×350
		175	350	12	19	13	85.94	67.5	1520	6790	4.20	8.88	104	388	2.87	350×350

续表

类别	型号(高度×宽度)(mm×mm)	截面尺寸(mm)					截面面积(cm²)	理论重量(kg/m)	惯性矩(cm⁴)		惯性半径(cm)		截面模数(cm³)		重心 Cx(cm)	对应H型钢系列型号
		H	B	t_1	t_2	r			I_x	I_y	i_x	i_y	W_x	W_y		
TW	200×400	194	402	15	15	22	89.22	70.0	2480	8130	5.27	9.54	158	404	3.70	400×400
		197	398	11	18	22	93.40	73.3	2050	9460	4.67	10.1	123	475	3.01	
		200	400	13	21	22	109.3	85.8	2480	11200	4.75	10.1	147	560	3.21	
		200	408	21	21	22	125.3	98.4	3650	11900	5.39	9.74	229	584	4.07	
		207	405	18	28	22	147.7	116	3620	15500	4.95	10.2	213	766	3.68	
		214	407	20	35	22	180.3	142	4380	19700	4.92	10.4	250	967	3.90	
TM	75×100	74	100	6	9	8	13.17	10.3	51.7	75.2	1.98	2.38	8.84	15.0	1.56	150×100
	100×150	97	150	6	9	8	19.05	15.0	124	253	2.55	3.64	15.8	33.8	1.80	200×150
	125×175	122	175	7	11	13	27.74	21.8	288	492	3.22	4.21	29.1	56.2	2.28	250×175
	150×200	147	200	8	12	13	35.52	27.9	571	801	4.00	4.74	48.2	80.1	2.85	300×200
		149	201	9	14	13	41.01	32.2	661	949	4.01	4.80	55.2	94.4	2.92	
	175×250	170	250	9	14	13	49.76	39.1	1020	1820	4.51	6.05	73.2	146	3.11	350×250
	200×300	195	300	10	16	13	66.62	52.3	1730	3600	5.09	7.35	108	240	3.43	400×300

类别	型号(高度×宽度)(mm×mm)	截面尺寸(mm)					理论重量(kg/m)	截面面积(cm²)	惯性矩(cm⁴)		惯性半径(cm)		截面模数(cm³)		重心 Cx(cm)	对应H型钢系列型号
		H	B	t_1	t_2	r			I_x	I_y	i_x	i_y	W_x	W_y		
TM	225×300	220	300	11	18	13	60.4	76.94	2680	4050	5.89	7.25	150	270	4.09	450×300
	250×300	241	300	11	15	13	55.4	70.58	3400	3380	6.93	6.91	178	225	5.00	500×300
		244	300	11	18	13	62.5	79.58	3610	4050	6.73	7.13	184	270	4.72	
	275×300	272	300	11	15	13	58.1	73.99	4790	3380	8.04	6.75	225	225	5.96	550×300
		275	300	11	18	13	65.2	82.99	5090	4050	7.82	6.98	232	270	5.59	
	300×300	291	300	12	17	13	66.4	84.60	6320	3830	8.64	6.72	280	255	6.51	600×300
		294	300	12	20	13	73.5	93.60	6680	4500	8.44	6.93	288	300	6.17	
		297	302	14	23	13	85.2	108.5	7890	5290	8.52	6.97	339	350	6.41	
TN	50×50	50	50	5	7	8	4.65	5.920	11.8	7.39	1.41	1.11	3.18	2.95	1.28	100×50
	62.5×60	62.5	60	6	6	8	6.55	8.340	27.5	14.6	1.81	1.32	5.96	4.85	1.64	125×60
	75×75	75	75	5	7	8	7.00	8.920	42.6	24.7	2.18	1.66	7.46	6.59	1.79	150×75
		85.5	89	4	6	8	6.90	8.790	53.7	35.3	2.47	2.00	8.02	7.94	1.86	
	87.5×90	87.5	90	5	8	8	8.98	11.44	70.6	48.7	2.48	2.06	10.4	10.8	1.93	175×90

类别	型号 (高度×宽度) (mm×mm)	截面尺寸(mm)					截面面积 (cm²)	理论重量 (kg/m)	惯性矩 (cm⁴)		惯性半径 (cm)		截面模数 (cm³)		重心 C_x (cm)	对应H型钢系列型号
		H	B	t_1	t	r			I_x	I_y	i_x	i_y	W_x	W_y		
TN	100×100	99	99	4.5	7	8	11.34	8.90	93.5	56.7	2.87	2.23	12.1	11.5	2.17	200×100
		100	100	5.5	8	8	13.33	10.5	114	66.9	2.92	2.23	14.8	13.4	2.31	
	125×125	124	124	5	8	8	15.99	12.6	207	127	3.59	2.82	21.3	20.5	2.66	250×125
		125	125	6	9	8	18.48	14.5	248	147	3.66	2.81	25.6	23.5	2.81	
	150×150	149	149	5.5	8	13	20.40	16.0	393	221	4.39	3.29	33.8	29.7	3.26	300×150
		150	150	6.5	9	13	23.39	18.4	464	254	4.45	3.29	40.0	33.8	3.41	
	175×175	173	174	6	9	13	26.22	20.6	679	396	5.08	3.88	50.0	45.5	3.72	350×175
		175	175	7	11	13	31.45	24.7	814	492	5.08	3.95	59.3	56.2	3.76	
	200×200	198	199	7	11	13	35.70	28.0	1190	723	5.77	4.50	76.4	72.7	4.20	400×200
		200	200	8	13	13	41.68	32.7	1390	868	5.78	4.56	88.6	86.8	4.26	
	225×150	223	150	7	12	13	33.49	26.3	1570	338	6.84	3.17	93.7	45.1	5.54	450×150
		225	151	8	14	13	38.74	30.4	1830	403	6.87	3.22	108	53.4	5.62	
	225×200	223	199	8	12	13	41.48	32.6	1870	789	6.71	4.36	109	79.3	5.15	450×200
		225	200	9	14	13	47.71	37.5	2150	935	6.71	4.42	124	93.5	5.19	

续表

类别	型号 (高度×宽度) (mm×mm)	截面尺寸(mm)					截面面积 (cm²)	理论重量 (kg/m)	惯性矩 (cm⁴)		惯性半径 (cm)		截面模数 (cm³)		重心 C_x (cm)	对应H型钢系列型号
		H	B	t_1	t_2	r			I_x	I_y	i_x	i_y	W_x	W_y		
TN	235×150	235	150	7	13	13	35.76	28.1	1850	367	7.18	3.20	104	48.9	7.50	475×150
		237.5	151.5	8.5	15.5	13	43.07	33.8	2270	451	7.25	3.23	128	59.5	7.57	475×150
		241	153.5	10.5	19	13	53.20	41.8	2860	575	7.33	3.28	160	75.0	7.67	475×150
	250×150	246	150	7	12	13	35.10	27.6	2060	339	7.66	3.10	113	45.1	6.36	500×150
		250	152	9	16	13	46.10	36.2	2750	470	7.71	3.19	149	61.9	6.53	500×150
		252	153	10	18	13	51.66	40.6	3100	540	7.74	3.23	167	70.5	6.62	500×150
	250×200	248	199	8	14	13	49.64	39.0	2820	921	7.54	4.30	150	92.6	5.97	500×200
		250	200	10	16	13	56.12	44.1	3200	1070	7.54	4.36	169	107	6.03	500×200
		253	201	11	19	13	64.65	50.8	3660	1290	7.52	4.46	189	128	6.00	500×200
	275×200	273	199	9	14	13	51.89	40.7	3690	921	8.43	4.21	180	92.6	6.85	550×200
		275	200	10	16	13	58.62	46.0	4180	1070	8.44	4.27	203	107	6.89	550×200
	300×200	298	199	10	15	13	58.87	46.2	5150	988	9.35	4.09	235	99.3	7.92	600×200
		300	200	11	17	13	65.85	51.7	5770	1140	9.35	4.15	262	114	7.95	600×200
		303	201	12	20	13	74.88	58.8	6530	1360	9.33	4.25	291	135	7.88	600×200

类别	型号 (高度×宽度) mm×mm	截面尺寸 (mm)					截面面积 (cm²)	理论重量 (kg/m)	惯性矩 (cm⁴)		惯性半径 (cm)		截面模数 (cm³)		重心 C_x (cm)	对应H型钢系列型号
		h	B	t_1	t_2	r			I_x	I_y	i_x	i_y	W_x	W_y		
TN	312.5×200	312.5	198.5	13.5	17.5	13	75.28	59.1	7460	1150	9.95	3.90	338	116	9.15	625×200
		315	200	15	20	13	84.97	66.7	8470	1340	9.98	3.97	380	134	9.21	625×200
		319	202	17	24	13	99.35	78.0	9960	1160	10.0	4.08	440	165	9.26	625×200
	325×300	323	299	10	15	12	76.26	59.9	7220	3340	9.73	6.62	289	224	7.28	650×300
		325	300	11	17	13	85.60	67.2	8090	3830	9.71	6.68	321	255	7.29	650×300
		328	301	12	20	13	97.88	76.8	9120	4550	9.65	6.81	356	302	7.20	650×300
	350×300	346	300	13	20	13	103.1	80.9	1120	4510	10.4	6.61	424	300	8.12	700×300
		350	300	13	24	13	115.1	90.4	1200	5410	10.2	6.85	438	360	7.65	700×300
	400×300	396	300	14	22	18	119.8	94.0	1760	4960	12.1	6.43	592	331	9.77	800×300
		400	300	14	26	18	131.8	103	1870	5860	11.9	6.66	610	391	9.27	800×300
	450×300	445	299	15	23	18	133.5	105	2590	5140	13.9	6.20	789	344	11.7	900×300
		450	300	16	28	18	152.9	120	2910	6320	13.8	6.42	865	421	11.4	900×300
		456	302	18	34	18	180.0	141	3410	7830	13.8	6.59	997	518	11.3	900×300

4.7 无缝钢管

I——截面惯性矩；

W——截面模量；

i——截面回转半径；

d——外径；

t——壁厚

图 4-7　无缝钢管尺寸

无缝钢管规格　　　　　表 4-7

尺寸 (mm)		截面面积 A (cm²)	每米重量 (kg/m)	截面特性		
d	t			I (cm⁴)	W (cm³)	i (cm)
32	2.5	2.32	1.82	2.54	1.59	1.05
	3.0	2.73	2.15	2.90	1.82	1.03
	3.5	3.13	2.46	3.32	2.02	1.02
	4.0	3.52	2.76	3.52	2.20	1.00
38	2.5	2.79	2.19	4.41	2.32	1.26
	3.0	3.30	2.59	5.09	2.68	1.24
	3.5	3.79	2.98	5.70	3.00	1.23
	4.0	4.27	3.35	6.26	3.29	1.21
42	2.5	3.10	2.44	6.07	2.89	1.40
	3.0	3.68	2.89	7.03	3.35	1.38
	3.5	4.23	3.32	7.91	3.77	1.37
	4.0	4.78	3.75	8.71	4.15	1.35

尺寸 (mm)		截面面积 A (cm²)	每米重量 (kg/m)	截面特性		
d	t			I (cm⁴)	W (cm³)	i (cm)
45	2.5	3.34	2.62	7.56	3.36	1.51
	3.0	3.96	3.11	8.77	3.90	1.49
	3.5	4.56	3.58	9.89	4.40	1.47
	4.0	5.15	4.04	10.93	4.86	1.46
50	2.5	3.73	2.93	10.55	4.22	1.68
	3.0	4.43	3.48	12.28	4.91	1.67
	3.5	5.11	4.01	13.90	5.56	1.65
	4.0	5.78	4.54	15.41	6.16	1.63
	4.5	6.43	5.05	16.81	6.72	1.62
	5.0	7.07	5.55	18.11	7.25	1.60
54	3.0	4.81	3.77	15.68	5.81	1.81
	3.5	5.55	4.36	17.79	6.59	1.79
	4.0	6.28	4.93	19.76	7.32	1.77
	4.5	7.00	5.49	21.61	8.00	1.76
	5.0	7.70	6.04	23.34	8.64	1.74
	5.5	8.38	6.58	24.96	9.24	1.73
	6.0	9.05	7.10	26.46	9.80	1.71
57	3.0	5.09	4.00	18.81	6.53	1.91
	3.5	5.88	4.62	21.14	7.42	1.90
	4.0	6.66	5.23	23.52	8.25	1.88
	4.5	7.42	5.83	25.76	9.04	1.86
	5.0	8.17	6.41	27.86	9.78	1.85
	5.5	8.90	6.99	29.84	10.47	1.83
	6.0	9.61	7.55	31.69	11.12	1.82

尺寸 (mm)		截面 面积 A (cm²)	每米 重量 (kg/m)	截面特性		
d	t			I (cm⁴)	W (cm³)	i (cm)
60	3.0	5.37	4.22	21.88	7.29	2.02
	3.5	6.21	4.88	24.88	8.29	2.00
	4.0	7.04	5.52	27.73	9.24	1.98
	4.5	7.85	6.16	30.41	10.14	1.97
	5.0	8.64	6.78	32.94	10.98	1.95
	5.5	9.42	7.39	35.32	11.77	1.94
	6.0	10.18	7.99	37.56	12.52	1.92
63.5	3.0	5.70	4.48	26.15	8.24	2.14
	3.5	6.60	5.18	29.79	9.38	2.12
	4.0	7.48	5.87	33.24	10.47	2.11
	4.5	8.34	6.55	36.50	11.50	2.09
	5.0	9.19	7.21	39.60	12.47	2.08
	5.5	10.02	7.87	42.52	13.39	2.06
	6.0	10.84	8.51	45.28	14.26	2.04
68	3.0	6.13	4.81	32.42	9.54	2.30
	3.5	7.09	5.57	36.99	10.88	2.28
	4.0	8.04	6.31	41.34	12.16	2.27
	4.5	8.98	7.05	45.47	13.37	2.25
	5.0	9.90	7.77	49.41	14.53	2.23
	5.5	10.84	8.48	53.14	15.63	2.22
	6.0	11.69	9.17	56.68	16.67	2.20

尺寸 (mm)		截面面积 A (cm²)	每米重量 (kg/m)	截面特性		
d	t			I (cm⁴)	W (cm³)	i (cm)
	3.0	6.31	4.96	35.50	10.14	2.37
	3.5	7.31	5.74	40.53	11.58	2.35
	4.0	8.29	6.51	45.33	12.95	2.34
70	4.5	9.26	7.27	49.89	14.26	2.32
	5.0	10.21	8.01	54.24	15.50	2.30
	5.5	11.14	8.75	58.38	16.68	2.29
	6.0	12.06	9.47	62.31	17.80	2.27
	3.0	6.60	5.18	40.48	11.09	2.48
	3.5	7.64	6.00	46.26	12.67	2.46
	4.0	8.67	6.81	51.78	14.19	2.44
73	4.5	9.68	7.60	57.04	15.63	2.43
	5.0	10.68	8.38	62.07	17.01	2.41
	5.5	11.66	9.16	66.87	18.32	2.39
	6.0	12.63	9.91	71.43	19.57	2.38
	3.0	6.88	5.40	45.91	12.08	2.58
	3.5	7.97	6.26	52.50	13.82	2.57
	4.0	9.05	7.10	58.81	15.48	2.55
76	4.5	10.11	7.93	64.85	17.07	2.53
	5.0	11.15	8.75	70.62	18.59	2.52
	5.5	12.18	9.56	76.14	20.04	2.50
	6.0	13.19	10.36	81.41	21.42	2.48

尺寸 (mm)		截面面积 A (cm²)	每米重量 (kg/m)	截面特性		
d	t			I (cm⁴)	W (cm³)	i (cm)
83	3.5	8.74	6.86	69.19	16.67	2.81
	4.0	9.93	7.79	77.64	18.71	2.80
	4.5	11.10	8.71	85.76	20.67	2.78
	5.0	12.25	9.62	93.56	22.54	2.76
	5.5	13.39	10.51	101.04	24.35	2.75
	6.0	14.51	11.39	108.22	26.08	2.73
	6.5	.15.62	12.26	115.10	27.74	2.71
	7.0	16.71	13.12	121.69	29.32	2.70
89	3.5	9.40	7.38	86.05	19.34	3.03
	4.0	10.68	8.38	96.68	21.73	3.01
	4.5	11.95	9.38	106.92	24.03	2.99
	5.0	13.19	10.36	116.79	26.24	2.98
	5.5	14.43	11.33	126.29	28.38	2.96
	6.0	16.65	12.28	135.43	30.43	2.94
	6.5	16.85	13.22	144.32	32.41	2.93
	7.0	18.03	14.16	152.67	34.31	2.91
95	3.5	10.06	7.90	105.45	22.20	3.24
	4.0	11.14	8.98	118.60	24.97	3.22
	4.5	12.79	10.04	131.31	27.64	3.20
	5.0	14.14	11.10	143.58	30.23	3.19
	5.5	15.46	12.14	155.43	32.72	3.17
	6.0	16.78	13.17	166.86	35.13	3.15
	6.5	18.07	14.19	177.89	37.45	3.14
	7.0	19.35	15.19	188.51	39.69	3.12

尺寸 (mm)		截面面积 A (cm²)	每米重量 (kg/m)	截面特性		
d	t			I (cm⁴)	W (cm³)	i (cm)
102	3.5	10.83	8.50	131.52	25.79	3.48
	4.0	12.32	9.67	148.09	29.04	3.47
	4.5	13.78	10.82	164.14	32.18	3.45
	5.0	15.24	11.96	179.68	35.23	3.43
	5.5	16.67	13.09	194.72	38.18	3.42
	6.0	18.10	14.21	209.28	41.03	3.40
	6.5	19.50	15.31	223.35	43.79	3.38
	7.0	20.89	16.40	236.96	46.46	3.37
114	4.0	13.82	10.85	209.35	36.73	3.89
	4.5	15.48	12.15	232.41	40.77	3.87
	5.0	17.12	13.44	254.81	44.70	3.86
	5.5	18.75	14.72	276.58	48.52	3.84
	6.0	20.36	15.89	297.73	52.23	3.82
	6.5	21.95	17.23	318.26	55.84	3.81
	7.0	23.53	18.47	338.19	59.33	3.79
	7.5	25.09	19.70	357.58	62.73	3.77
	8.0	26.64	20.91	376.30	66.02	3.76
121	4.0	14.70	11.54	251.87	41.63	4.14
	4.5	16.47	12.93	279.83	46.25	4.12
	5.0	18.22	14.30	307.05	50.75	4.11
	5.5	19.96	15.67	333.54	55.13	4.09
	6.0	21.68	17.02	359.32	59.39	4.07
	6.5	23.38	18.35	384.40	63.54	4.05
	7.0	25.07	19.68	408.80	67.57	4.04
	7.5	26.74	20.99	432.51	71.49	4.02
	8.0	28.40	22.29	455.57	75.30	4.01

尺寸 (mm)		截面面积 A (cm²)	每米重量 (kg/m)	截面特性		
d	t			I (cm⁴)	W (cm³)	i (cm)
127	4.0	15.46	12.13	292.61	46.08	4.35
	4.5	17.32	13.59	325.29	51.23	4.33
	5.0	19.16	15.04	357.14	56.24	4.32
	5.5	20.99	16.48	388.19	61.13	4.30
	6.0	22.81	17.09	418.44	65.90	4.28
	6.5	24.61	19.32	447.92	70.54	4.27
	7.0	26.39	20.72	476.63	75.06	4.25
	7.5	28.16	22.10	504.58	79.46	4.23
	8.0	29.91	23.48	531.80	83.75	4.22
133	4.0	16.21	12.73	337.53	50.76	4.56
	4.5	18.17	14.26	375.42	56.45	4.55
	5.0	20.11	15.78	412.40	62.02	4.53
	5.5	22.03	17.29	448.50	67.44	4.51
	6.0	23.94	18.79	483.72	72.74	4.50
	6.5	25.83	20.28	518.07	77.91	4.48
	7.0	27.71	21.75	551.58	82.94	4.46
	7.5	29.57	23.21	584.25	87.86	4.65
	8.0	31.42	24.66	616.11	92.65	4.43
140	4.5	19.16	15.04	440.12	62.87	4.79
	5.0	21.21	16.65	483.76	69.11	4.78
	5.5	23.24	18.24	526.40	75.20	4.76
	6.0	25.26	19.83	568.06	81.15	4.74
	6.5	27.26	21.40	608.76	86.97	4.73
	7.0	29.25	22.96	648.51	92.64	4.71
	7.5	31.22	24.51	687.32	98.19	4.69
	8.0	33.18	26.04	725.21	103.60	4.68
	9.0	37.04	29.08	798.29	114.04	4.64
	10	40.84	32.06	867.86	123.98	4.61

尺寸 (mm)		截面面积 A (cm^2)	每米重量 (kg/m)	截面特性		
d	t			I (cm^4)	W (cm^3)	i (cm)
146	4.5	20.00	15.70	501.16	68.65	5.01
	5.0	22.15	17.39	551.10	75.49	4.99
	5.5	24.28	19.06	599.95	82.19	4.97
	6.0	26.39	20.72	647.73	88.73	4.95
	6.5	28.49	22.36	649.44	95.13	4.94
	7.0	30.57	24.00	740.12	101.39	4.92
	7.5	32.63	25.62	784.77	107.50	4.90
	8.0	34.68	27.23	828.41	113.48	4.89
	9.0	38.74	30.41	912.71	125.03	4.85
	10	42.73	33.54	993.16	136.05	4.82
152	4.5	20.85	16.37	567.61	74.69	5.22
	5.0	23.09	18.13	624.43	82.16	5.20
	5.5	25.31	19.87	680.06	89.48	5.18
	6.0	27.52	21.60	734.52	96.65	5.17
	6.5	29.71	23.32	787.82	103.66	5.15
	7.0	31.89	25.03	839.99	110.52	5.13
	7.5	34.05	26.73	891.03	117.24	5.12
	8.0	36.19	28.41	940.97	123.81	5.10
	9.0	40.43	31.74	1037.59	136.53	5.07
	10	44.61	35.02	1129.99	148.68	5.03
159	4.5	21.84	17.15	652.27	82.05	5.46
	5.0	24.19	18.99	717.88	90.30	5.45
	5.5	26.52	20.82	782.18	98.39	5.43
	6.0	28.84	22.64	845.19	106.31	5.41

尺寸 (mm)		截面 面积 A (cm^2)	每米 重量 (kg/m)	截面特性		
d	t			I (cm^4)	W (cm^3)	i (cm)
159	6.5	31.14	24.45	906.92	114.08	5.40
	7.0	33.43	26.24	967.41	121.69	5.38
	7.5	35.70	28.02	1026.65	129.14	5.36
	8.0	37.95	29.79	1084.67	136.44	5.35
	9.0	42.41	33.29	1197.12	150.58	5.31
	10	46.81	36.75	1304.88	164.14	5.28
168	4.5	23.11	18.14	772.96	92.02	5.78
	5.0	25.60	20.14	851.14	101.33	5.77
	5.5	28.08	22.04	927.85	110.46	5.75
	6.0	30.54	23.97	1003.12	119.42	5.73
	6.5	32.98	25.89	1076.95	128.21	5.71
	7.0	35.41	27.79	1149.36	136.83	5.70
	7.5	37.82	29.69	1220.38	145.28	5.68
	8.0	40.21	31.57	1290.01	153.57	5.66
	9.0	44.96	35.29	1425.22	169.67	5.63
	10	49.64	38.97	1555.13	185.13	5.60
180	5.0	27.49	21.58	1053.17	117.02	6.19
	5.5	30.15	23.67	1148.79	127.64	6.17
	6.0	32.80	25.75	1242.72	138.08	6.16
	6.5	35.43	27.81	1335.00	148.33	6.14
	7.0	38.04	29.87	1425.63	158.40	6.12
	7.5	40.64	31.91	1514.64	168.29	6.10
	8.0	43.23	33.93	1602.04	178.00	6.09
	9.0	48.35	37.95	1772.12	196.90	6.05
	10	53.41	41.92	1936.01	215.11	6.02
	12	63.33	49.72	2245.84	249.54	5.95

尺寸 (mm)		截面面积 A (cm^2)	每米重量 (kg/m)	截面特性		
d	t			I (cm^4)	W (cm^3)	i (cm)
194	5.0	29.69	23.31	1326.54	136.76	6.68
	5.5	32.57	25.57	1447.86	149.26	6.67
	6.0	35.44	27.82	1567.21	161.57	6.65
	6.5	38.29	30.06	1684.61	173.67	6.63
	7.0	41.12	32.28	1800.08	185.57	6.62
	7.5	43.94	34.50	1913.64	197.28	6.60
	8.0	46.75	36.70	2025.31	208.79	6.58
	9.0	52.31	41.06	2243.00	231.25	6.55
	10	57.81	45.38	2453.55	252.94	6.51
	12	68.61	53.86	2853.25	294.15	6.45
203	6.0	37.13	29.15	1803.07	177.64	6.97
	6.5	40.13	31.50	1938.81	191.02	6.95
	7.0	43.10	33.84	2027.43	204.18	6.93
	7.5	46.06	36.16	2203.94	217.14	6.92
	8.0	49.01	38.47	2333.37	229.89	6.90
	9.0	54.85	43.06	2586.08	254.79	6.8
	10	60.63	47.60	2830.72	278.89	6.83
	12	72.01	56.62	3296.49	324.78	6.77
	14	83.13	65.25	3732.07	367.69	6.70
	16	94.00	73.79	4138.78	407.76	6.64
219	6.0	40.15	31.52	2278.74	208.10	7.53
	6.5	43.39	34.06	2451.64	223.89	7.52
	7.0	46.62	36.60	2622.04	239.46	7.50
	7.5	49.83	39.12	2789.96	254.79	7.48
	8.0	53.03	41.63	2955.43	269.90	7.47

尺寸 (mm)		截面面积 A (cm²)	每米重量 (kg/m)	截面特性		
d	t			I (cm⁴)	W (cm³)	i (cm)
219	9.0	59.38	46.61	3279.12	299.46	7.43
	10	65.66	51.54	3593.29	328.15	7.40
	12	78.04	61.26	4193.81	383.00	7.33
	14	90.16	70.78	4758.50	434.57	7.26
	16	102.04	80.10	5288.81	483.00	7.20
245	6.5	48.70	38.23	3465.46	282.89	8.44
	7.0	52.34	41.08	3709.06	302.78	8.42
	7.5	55.96	43.93	3949.52	322.41	8.40
	8.0	59.56	46.76	4186.87	341.79	8.38
	9.0	66.73	52.38	4652.32	379.78	8.35
	10	73.83	57.95	5105.63	416.79	8.32
	12	87.84	68.95	5976.67	487.89	8.25
	14	101.60	79.76	6801.68	555.24	8.18
	16	115.11	90.36	7582.30	618.96	8.12
273	6.5	54.42	42.72	4834.18	354.15	9.42
	7.0	58.50	45.92	5177.30	379.29	9.41
	7.5	62.56	49.11	5516.47	404.14	9.39
	8.0	66.60	52.28	5851.71	428.70	9.37
	9.0	74.64	58.60	6510.56	476.96	9.34
	10	82.62	64.86	7154.09	524.11	9.31
	12	98.39	77.24	8396.14	615.10	9.24
	14	113.91	89.42	9579.75	701.81	9.17
	16	129.18	101.41	10706.79	784.38	9.10

尺寸 (mm)		截面 面积 A (cm²)	每米 重量 (kg/m)	截面特性		
d	t			I (cm⁴)	W (cm³)	i (cm)
	7.5	68.68	53.92	7300.02	488.30	10.31
	8.0	73.14	57.41	7747.42	518.22	10.29
	9.0	82.00	64.37	8628.09	577.13	10.26
299	10	90.79	71.27	9490.15	634.79	10.22
	12	108.20	84.93	11159.52	746.46	10.16
	14	125.35	98.40	12757.61	853.35	10.09
	16	142.25	111.67	14286.48	955.62	10.02
	7.5	74.81	58.73	9431.80	580.42	11.23
	8.0	79.67	62.54	10013.92	616.24	11.21
	9.0	89.35	70.14	11161.32	686.85	11.18
325	10	98.96	77.68	12286.52	756.09	11.14
	12	118.00	92.63	14471.45	890.55	11.07
	14	136.78	107.38	16570.98	1019.75	11.01
	16	155.32	121.93	18587.38	1143.84	10.94
	8.0	86.21	67.67	12684.36	722.76	12.13
	9.0	96.70	75.91	14147.55	806.13	12.10
351	10	107.13	84.10	15584.62	888.01	12.06
	12	127.80	100.32	18381.63	1047.39	11.99
	14	148.22	116.35	21077.86	1201.02	11.93
	16	168.39	132.19	23675.75	1349.05	11.86

4.8　螺旋焊钢管

I——截面惯性矩；

W——截面抵抗矩；

i——截面回转半径

螺旋焊钢管的规格及截面特性　表 4-8

尺寸		截面面积 A （cm²）	每米重量 （kg/m）	截面特性		
d	t			I （cm⁴）	W （cm³）	i （cm）
219.1	5	33.61	26.61	1988.54	176.04	7.57
	6	40.15	31.78	2822.53	208.36	7.54
	7	46.62	36.91	2266.42	239.75	7.50
	8	53.03	41.98	2900.39	283.16	7.49
244.5	5	37.60	29.77	2699.28	220.80	8.47
	6	44.93	35.57	3199.36	261.71	8.44
	7	52.20	41.33	3686.70	301.57	8.40
	8	59.41	47.03	4611.52	340.41	8.37
273.0	6	50.30	39.82	4888.24	328.81	9.44
	7	58.47	46.29	5178.63	379.39	9.41
	8	66.57	52.70	5853.22	428.81	8.37

161

尺寸		截面面积 A (cm²)	每米重量 (kg/m)	截面特性		
d	t			I (cm⁴)	W (cm³)	i (cm)
323.9	6	59.89	47.41	7574.41	467.70	11.24
	7	69.65	55.14	8754.84	540.59	11.21
	8	79.35	62.82	9912.63	612.08	11.17
325	6	60.10	47.70	7653.29	470.97	11.28
	7	69.90	55.40	8846.29	544.39	11.25
	8	79.63	63.04	10016.50	616.40	11.21
355.6	6	65.87	52.23	10073.14	566.54	12.36
	7	76.62	60.68	11652.71	655.38	12.33
	8	87.32	69.08	13204.77	742.68	12.25
377	6	69.90	55.40	11079.13	587.75	13.12
	7	81.33	64.37	13932.53	739.13	13.08
	8	92.69	73.30	15795.91	837.98	13.05
	9	104.00	82.18	17628.57	935.20	13.02
406.4	6	75.44	59.75	15132.21	744.70	14.16
	7	87.79	69.45	17523.75	862.39	14.12
	8	100.09	79.10	19879.00	978.30	14.09
	9	112.31	88.70	22198.33	1092.44	14.05
	10	124.47	98.26	24482.10	1204.83	14.02

尺寸		截面面积 A （cm²）	每米重量 （kg/m）	截面特性		
d	t			I （cm⁴）	W （cm³）	i （cm）
426	6	79.13	62.65	17464.62	819.94	14.85
	7	92.10	72.83	20231.72	949.85	14.82
	8	105.00	82.97	22958.81	1077.88	14.78
	9	117.84	93.05	25646.28	1206.05	14.75
	10	130.62	103.09	28294.52	1328.38	14.71
457	6	84.97	67.23	21623.66	946.33	15.95
	7	98.91	78.18	25061.79	1096.80	15.91
	8	112.79	89.08	28453.67	1245.24	15.88
	9	126.60	99.94	31799.72	1391.67	15.84
	10	140.36	110.74	35100.34	1536.12	15.81
	11	154.05	121.49	38355.96	1678.60	15.77
	12	167.68	132.19	41566.98	1819.12	15.74
478	6	88.93	70.34	24786.71	1037.10	16.69
	7	103.53	81.81	28736.12	1202.35	16.65
	8	118.06	93.23	32634.79	1365.47	16.62
	9	132.54	104.60	36483.16	1526.49	16.58
	10	146.95	115.92	40281.65	1685.43	16.55
	11	161.30	127.19	44030.71	1842.29	16.52
	12	175.59	138.41	47730.76	1997.10	16.48
508	6	94.58	74.78	29819.20	1173.98	17.75
	7	110.12	86.99	34583.38	1361.55	17.72
	8	125.60	99.15	39290.06	1546.85	17.67
	9	141.02	111.25	43939.68	1729.91	17.65

尺寸		截面面积 A (cm²)	每米重量 (kg/m)	截面特性		
d	t			I (cm⁴)	W (cm³)	i (cm)
508	10	156.37	123.31	48532.72	1910.74	17.61
	11	171.66	135.32	53069.63	2089.36	17.58
	12	186.89	147.29	57550.87	2265.78	17.54
529	6	98.53	77.89	33719.80	1274.85	18.49
	7	114.74	90.61	39116.42	1478.88	18.46
	8	130.88	103.29	44450.54	1680.55	18.42
	9	146.95	115.92	49722.63	1879.87	18.39
	10	162.9	128.49	54933.18	2076.87	18.35
	11	178.92	141.02	60082.67	2271.56	18.32
	12	194.81	153.50	65171.58	2463.95	18.28
	13	210.63	165.93	70200.39	2654.08	18.25
559	6	104.19	82.33	39861.10	1426.16	19.55
	7	121.33	95.79	46254.78	1654.91	19.52
	8	138.41	109.21	52578.45	1881.16	19.48
	9	155.43	122.57	58832.64	2104.92	19.45
	10	172.39	135.89	65017.85	2326.22	19.41
	11	189.28	149.16	71134..58	2545.07	19.39
	12	206.11	162.38	77183.36	2761.48	19.34
	13	222.88	175.55	83164.67	2975.48	19.31

尺寸		截面面积 A (cm²)	每米重量 (kg/m)	截面特性		
d	t			I (cm⁴)	W (cm³)	i (cm)
610.0	6	113.79	89.87	51936.94	1702.85	21.36
	7	132.54	104.60	60294.82	1976.88	21.32
	8	151.22	119.27	68568.97	2248.16	21.29
	9	169.84	133.89	76759.97	2516.72	21.25
	10	188.40	148.47	84868.37	2782.57	21.22
	11	206.89	162.99	92894.73	3045.73	21.18
	12	225.33	177.47	100839.60	3306.22	21.15
	13	243.70	191.90	108703.55	3564.05	21.11
630.0	6	117.56	92.83	57268.61	1818.05	22.06
	7	136.94	108.05	66494.92	2110.95	22.03
	8	156.25	123.22	75631.80	2401.01	21.99
	9	175.50	138.33	84679.83	2688.25	21.96
	10	194.68	153.40	93639.59	2972.69	21.93
	11	213.80	168.42	102511.65	3254.34	21.89
	12	232.86	183.39	111296.59	3533.23	21.85
	13	251.86	198.31	119994.98	3809.36	21.82
660.0	6	123.21	97.27	65931.44	1997.92	23.12
	7	143.53	113.23	76570.06	2320.31	23.09
	8	163.78	129.13	87110.33	2639.71	23.05

尺寸		截面面积 A (cm²)	每米重量 (kg/m)	截面特性		
d	t			I (cm⁴)	W (cm³)	i (cm)
660.0	9	183.97	144.99	97552.85	2956.15	23.02
	10	204.1	160.80	107898.23	3269.64	22.98
	11	224.16	176.56	118147.08	3580.21	22.95
	12	244.17	192.27	128300.00	3887.88	22.91
	13	264.11	207.93	138357.58	4192.65	22.88
711.0	6	132.82	104.82	82588.87	2323.18	24.93
	7	154.74	122.03	95946.79	2698.93	24.89
	8	176.59	139.20	109190.20	3071.45	24.86
	9	198.39	156.31	122319.78	3440.78	24.82
	10	220.11	173.38	135336.18	3806.93	24.79
	11	241.78	190.39	148240.04	4169.90	24.75
	12	263.38	207.36	161032.02	4529.73	24.72
	13	284.92	224.28	173712.76	4886.44	24.68
720.0	6	134.52	106.15	85792.25	2382.12	25.25
	7	156.72	123.59	99673.56	2768.71	25.21
	8	177.85	140.97	113437.40	3151.04	25.17
	9	200.93	158.31	127084.44	3530.12	25.14
	10	222.94	175.60	140615.33	3965.98	25.11
	11	244.89	192.84	154030.74	4278.63	25.07
	12	266.77	210.02	,167331.32	4648.09	24.04
	13	288.60	227.16	180517.74	5014.38	25.00

尺寸		截面面积 A (cm²)	每米重量 (kg/m)	截面特性		
d	t			I (cm⁴)	W (cm³)	i (cm)
762.0	7	165.95	130.84	118344.40	3106.15	26.69
	8	189.40	149.26	134717.42	3535.90	26.66
	9	212.80	167.63	150959.68	3962.20	26.62
	10	236.13	185.95	167071.28	4385.07	26.59
	11	259.40	204.23	183053.12	4804.54	26.55
	12	282.60	222.45	198905.91	5220.63	26.52
	13	305.74	240.63	214630.33	5633.34	26.49
	13	328.82	258.76	230227.09	6024.71	26.45
813.0	7	177.16	139.64	143981.73	3541.99	28.50
	8	202.22	159.32	163942.66	4033.03	28.46
	9	227.21	178.85	183753.89	4520.39	28.43
	10	252.14	198.53	203416.16	5004.09	28.39
	11	277.01	218.06	222930.23	5484.14	28.36
	12	301.82	237.55	242296.83	5960.56	28.32
	13	326.56	256.98	261516.72	6433.38	28.29
	14	351.24	276.36	280590.63	6902.60	28.25
820.0	7	178.70	140.85	147765.60	3604.04	28.74
	8	203.97	160.70	168256.44	4103.82	28.71
	9	229.19	180.50	188594.94	4599.88	28.68
	10	254.34	200.26	208781.84	5092.24	28.64
	11	279.43	219.96	228817.91	5580.93	28.60
	12	304.45	239.62	248703.90	6065.95	28.57
	13	329.42	259.22	268440.55	6547.33	28.53

尺寸		截面面积 A (cm^2)	每米重量 (kg/m)	截面特性		
d	t			I (cm^4)	W (cm^3)	i (cm)
820.0	14	354.32	278.78	288028.62	7025.09	28.50
	15	379.16	298.29	307468.86	7499.24	28.47
	16	413.93	317.75	326766.02	7969.81	28.43
914.0	8	227.59	179.25	233711.41	5114.04	32.03
	9	255.75	201.37	262061.17	5734.38	32.00
	10	283.86	223.44	290221.72	6350.58	31.96
	11	311.90	245.46	318193.90	6962.67	31.93
	12	339.87	267.44	345978.57	7570.65	31.89
	13	367.79	289.36	373576.55	8174.54	31.86
	14	395.64	311.23	400988.69	8774.37	31.82
	15	423.43	333.06	428215.82	9370.15	31.79
	16	451.16	354.84	455258.77	9961.90	31.75
920.0	8	229.09	180.44	238385.26	5182.29	32.25
	9	257.45	202.70	267307.72	5811.04	32.21
	10	285.74	224.92	296038.43	6435.62	32.17
	11	313.97	247.06	324578.25	7056.05	32.14
	12	342.13	269.21	352928.00	7672.35	32.11
	13	370.24	291.28	381088.55	8284.53	32.07
	14	398.28	313.31	409060.74	8892.62	32.04
	15	426.26	335.23	436845.40	9496.64	32.00
	16	454.17	357.20	464443.38	10096.60	31.97

尺寸		截面面积 A (cm²)	每米重量 (kg/m)	截面特性		
d	t			I (cm⁴)	W (cm³)	i (cm)
1020.0	8	254.21	200.16	325709.29	6386.46	35.78
	9	285.71	229.89	365343.91	7163.61	35.75
	10	317.14	249.58	404741.91	7936.12	35.71
	11	348.51	274.22	443904.22	8704.00	35.68
	12	379.81	298.81	482831.80	9467.29	35.64
	13	411.06	323.34	521525.58	10225.99	35.61
	14	442.24	347.83	559986.50	10980.13	35.57
	15	473.36	372.27	598215.50	11729.72	35.53
	16	504.41	396.66	636213.50	12474.77	35.50
1120.0	8	279.33	219.89	432113.97	7716.32	39.32
	9	313.97	247.09	484824.62	8657.58	39.28
	10	348.54	274.24	537249.06	9593.73	39.25
	11	383.05	301.35	589388.32	10524.79	39.21
	12	417.49	328.40	641243.45	11450.78	39.18
	13	451.88	355.40	692815.48	12371.71	39.14
	14	486.20	382.36	744105.44	13287.60	39.11
	15	520.46	409.26	795114.35	14198.47	39.07
	16	554.65	436.12	845843.26	15104.34	39.04

尺寸		截面面积 A（cm²）	每米重量（kg/m）	截面特性		
d	t			I（cm⁴）	W（cm³）	i（cm）
1220.0	10	379.94	298.90	695916.69	11408.47	42.78
	11	417.59	328.47	763623.03	12518.41	42.75
	12	455.17	357.99	830991.12	13622.81	42.71
	13	492.70	387.46	898022.09	14721.67	42.68
	14	530.16	416.88	964717.06	15815.03	42.64
	15	567.56	446.26	1031077.17	16902.90	42.61
	16	604.89	475.57	1097103.53	17985.30	42.57
1420.0	10	442.74	348.23	1001160.59	15509.30	49.85
	11	486.67	382.73	1208714.17	17024.14	49.82
	12	530.53	417.18	1315807.13	18532.49	49.78
	13	574.34	451.58	1422440.79	20034.38	49.75
	14	618.08	485.94	1528616.74	21529.81	49.71
	15	661.76	520.24	1634335.48	23018.81	49.68
	16	705.37	554.50	1739599.14	24501.40	49.64

4.9 方 钢 管

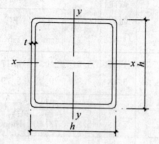

图 4-9 方钢管

I—截面惯性矩；W—截面抵抗矩；i—截面回转半径

方钢管规格 表 4-9

尺寸 (mm)		截面面积 (cm²)	重量 (kg/m)	截面特征		
h	t			I_x (cm⁴)	W_x (cm³)	I_x (cm)
25	1.5	1.31	1.03	1.16	0.92	0.94
30	1.5	1.61	1.27	2.11	1.40	1.14
40	1.5	2.21	1.74	5.33	2.67	1.55
40	2.0	2.87	2.25	6.66	3.33	1.52
50	1.5	2.81	2.21	10.82	4.33	1.96
50	2.0	3.67	2.88	13.71	5.48	1.93

尺寸 (mm)		截面面积 (cm²)	重量 (kg/m)	截面特征		
				I_x (cm⁴)	W_x (cm³)	I_x (cm)
h	t					
60	2.0	4.47	3.51	24.51	8.17	2.34
60	2.5	5.48	4.30	29.36	9.79	2.31
80	2.0	6.07	4.76	60.58	15.15	3.16
80	2.5	7.48	5.87	73.40	18.35	3.13
100	2.5	9.48	7.44	147.91	29.58	3.95
100	3.0	11.25	8.83	173.12	34.62	3.92
120	2.5	11.48	9.01	260.88	43.48	4.77
120	3.0	13.65	10.72	306.71	51.12	4.74
140	3.0	16.05	12.60	495.68	70.81	5.56
140	3.5	18.58	14.59	568.22	81.17	5.53
140	4.0	21.07	16.44	637.97	91.14	5.50
160	3.0	18.45	14.49	749.64	93.71	6.37
160	3.5	21.38	16.77	861.34	107.67	6.35
160	4.0	24.27	19.05	969.35	121.17	6.32
160	4.5	27.12	21.15	1073.66	134.21	6.29
160	5.0	29.93	23.35	1174.44	146.81	6.26

4.10 冷弯薄壁矩形钢管

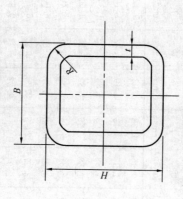

图 4-10　冷弯薄壁矩形钢管
H—长边；B—短边；t—壁厚；R—外圆弧半径

表 4-10

冷弯薄壁矩形钢管的规格及特性

尺寸 (mm)			截面面积 (cm²)	每米长质量 (kg/m)	x—x				y—y			
H	B	t			I_x (cm⁴)	i_x (cm)	W_x (cm³)		I_y (cm⁴)	i_y (cm)	W_y (cm³)	
30	15	1.5	1.20	0.95	1.28	1.02	0.85		0.42	0.59	0.57	
40	20	1.6	1.75	1.37	3.43	1.40	1.72		1.15	0.81	1.15	
40	20	2.0	2.14	1.68	4.05	1.38	2.02		1.34	0.79	1.34	
50	30	1.6	2.39	1.88	7.96	1.82	3.18		3.60	1.23	2.40	
50	30	2	2.94	2.31	9.54	1.80	3.81		4.29	1.21	2.86	
60	30	2.5	4.09	3.21	17.93	2.09	5.80		6.00	1.21	4.00	
60	30	3.0	4.81	3.77	20.5	2.06	6.83		6.79	1.19	4.53	
60	40	2.0	3.74	2.94	18.41	2.22	6.14		9.83	1.62	4.92	
60	40	3.0	5.41	4.25	25.37	2.17	8.46		13.44	1.58	6.72	
70	50	2.5	5.59	4.20	38.01	2.61	10.86		22.59	2.01	9.04	

174

尺寸 (mm)			截面面积 (cm²)	每米长质量 (kg/m)	x—x			y—y		
H	B	t			I_x (cm⁴)	i_x (cm)	W_x (cm³)	I_y (cm⁴)	i_y (cm)	W_y (cm³)
70	50	3.0	6.61	5.19	44.05	2.58	12.58	26.10	1.99	10.44
80	40	2.0	4.54	3.56	37.36	2.87	9.34	12.72	1.67	6.36
80	40	3.0	6.61	5.19	52.25	2.81	13.06	17.55	1.63	8.78
90	40	2.5	6.09	4.79	60.69	3.16	13.49	17.02	1.67	8.51
90	50	2.0	5.34	4.19	57.88	3.29	12.85	23.37	2.09	9.35
90	50	3.0	7.81	6.13	81.85	2.24	18.19	32.74	2.05	13.09
100	50	3.0	8.41	6.60	106.45	3.56	21.29	36.05	2.07	14.42
100	60	2.6	7.88	6.19	106.66	3.68	21.33	48.47	2.48	16.16
120	60	2.0	6.94	5.45	131.92	4.36	21.99	45.33	2.56	15.11
120	60	3.2	10.85	8.52	199.88	4.29	33.31	67.94	2.50	22.65

| 尺寸 (mm) | | | 截面面积 (cm²) | 每米长质量 (kg/m) | x—x | | | y—y | | |
H	B	t			I_x (cm⁴)	i_x (cm)	W_x (cm³)	I_y (cm⁴)	i_y (cm)	W_y (cm³)
120	60	4.0	13.35	10.48	240.72	4.25	40.12	81.24	2.47	27.08
120	80	3.2	12.13	9.53	243.54	4.48	40.59	130.48	3.28	32.62
120	80	4.0	14.95	11.73	294.57	4.44	49.09	157.28	3.24	39.32
120	80	5.0	18.36	14.41	353.11	4.39	58.85	187.75	3.20	46.94
120	80	6.0	21.63	16.98	406.00	4.33	67.67	214.98	3.15	53.74
140	90	3.2	14.05	11.04	384.01	5.23	54.86	194.0	3.72	43.29
140	90	4.0	17.35	13.63	466.59	5.19	66.66	235.92	3.69	52.43
140	90	5.0	21.36	16.78	562.61	5.13	80.37	283.32	3.64	62.96
150	100	3.2	15.33	12.04	488.18	5.64	65.09	262.26	4.14	52.45

4.11 卷边槽形冷弯型钢

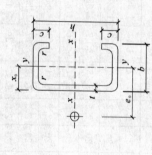

图 4-11 卷边槽形冷弯型钢尺寸

表 4-11

卷边槽形冷弯型钢规格

序号	截面代号	截面尺寸				截面面积 A (cm²)	质量 g (kg/m)	x_0 (cm)	x—x		
		H	B	c	t				I_x (cm⁴)	i_x (cm)	W_x (cm³)
1	C140×2.0	140	50	20	2.0	5.27	4.14	1.590	154.03	5.41	22.00
2	C140×2.2	140	50	20	2.2	5.76	4.52	1.590	167.40	5.39	23.91
3	C140×2.5	140	50	20	2.5	6.48	5.09	1.580	186.78	5.39	26.68
4	C160×2.0	160	60	20	2.0	6.07	4.76	1.850	236.59	6.24	29.57
5	C160×2.2	160	60	20	2.2	6.64	5.21	1.850	257.57	6.23	32.20
6	C160×2.5	160	60	20	2.5	7.48	5.87	1.850	288.13	6.21	36.02
7	C180×2.0	180	70	20	2.0	6.87	5.39	2.110	343.93	7.08	38.21
8	C180×2.2	180	70	20	2.2	7.52	5.90	2.110	374.90	7.06	41.66
9	C180×2.5	180	70	20	2.5	8.48	6.66	2.110	320.20	7.04	46.69

序号	截面代号	截面尺寸				截面面积 A (cm²)	质量 g (kg/m)	x_0 (cm)	x—x		
		H	B	c	t				I_x (cm⁴)	i_x (cm)	W_x (cm³)
10	C200×2.2	200	70	20	2.0	7.27	5.71	2.000	440.04	7.78	44.00
11	C200×2.2	200	70	20	2.2	7.96	6.25	2.000	479.87	7.77	47.99
12	C200×2.5	200	70	20	2.5	8.98	7.05	2.000	538.21	7.74	53.82
13	C220×2.0	220	75	20	2.0	7.87	6.18	2.080	574.45	8.54	52.22
14	C220×2.2	220	75	20	2.2	8.62	6.77	2.080	626.85	8.53	56.99
15	C220×2.5	220	75	20	2.5	9.73	7.64	2.074	703.76	8.50	63.98
16	C250×2.0	250	75	20	2.0	8.43	6.62	1.932	771.01	9.56	61.68
17	C250×2.2	250	75	20	2.2	9.26	7.27	1.933	844.08	9.55	67.53
18	C250×2.5	250	75	20	2.5	10.48	8.23	1.934	952.33	9.53	76.19

序号	截面代号	$y—y$				$y_1—y_1$		I_t (cm⁴)	I_ω (cm⁴)	k (cm⁻¹)	$W_{\omega 1}$ (cm⁴)	$W_{\omega 2}$ (cm⁴)
		I_1 (cm⁴)	i_y (cm)	$W_{y\max}$ (cm³)	$W_{y\min}$ (cm³)	I_{y1} (cm⁴)	e_0 (cm)					
1	C140×2.0	18.56	1.88	11.68	5.44	31.86	3.87	0.0703	794.79	0.0058	51.34	52.22
2	C140×2.2	20.03	1.87	12.62	5.87	34.53	3.84	0.0929	852.46	0.0065	55.98	56.84
3	C140×2.5	22.11	1.85	13.96	6.47	38.38	3.80	0.1351	931.89	0.0075	62.56	63.56
4	C160×2.0	29.99	2.22	16.02	7.23	50.83	4.52	0.0809	1596.28	0.0044	76.92	71.30
5	C160×2.2	32.45	2.21	17.53	7.82	55.19	4.50	0.1071	1717.82	0.0049	83.82	77.55
6	C160×2.5	35.96	2.19	19.47	8.66	61.49	4.45	0.1559	1887.71	0.0056	93.87	86.63
7	C180×2.0	45.18	2.57	21.37	9.25	75.87	5.12	0.0916	2934.34	0.0035	109.50	95.22
8	C180×2.2	48.97	2.15	23.19	10.02	21.49	5.14	0.1213	3165.62	0.0038	119.44	103.58
9	C180×2.5	54.42	2.53	25.82	11.12	92.06	5.10	0.1767	3492.15	0.0044	113.99	115.73

序号	截面代号	$y-y$				y_1-y_1	e_0 (cm)	I_t (cm⁴)	I_ω (cm⁴)	k (cm⁻¹)	$W_{\omega1}$ (cm⁴)	$W_{\omega2}$ (cm⁴)
		I_1 (cm⁴)	i_y (cm)	W_{ymax} (cm³)	W_{ymin} (cm³)	I_{y1} (cm⁴)						
10	C200×2.2	46.71	2.54	23.32	9.35	75.88	4.96	0.0969	3672.33	0.0032	126.74	106.15
11	C200×2.2	50.64	2.52	25.31	10.13	82.49	4.93	0.1284	3963.82	0.0035	138.26	115.74
12	C200×2.5	56.27	2.50	28.18	11.25	92.09	4.89	0.1871	4376.18	0.0041	115.14	129.75
13	C220×2.0	56.88	2.69	27.35	10.50	90.93	5.18	0.1049	5313.52	0.0028	158.43	127.32
14	C220×2.2	61.71	2.68	29.70	11.38	98.91	5.15	0.1391	5742.07	0.0031	172.92	138.93
15	C220×2.5	68.66	2.66	33.11	12.65	110.51	5.11	0.2028	6351.05	0.0035	194.18	155.94
16	C250×2.0	58.46	2.63	30.25	10.50	89.95	4.90	0.1125	6944.92	0.0025	190.93	146.73
17	C250×2.2	63.68	2.62	32.94	11.44	98.27	4.87	0.1493	7545.39	0.0028	208.66	160.20
18	C250×2.5	71.31	2.69	36.86	12.81	110.53	4.84	0.2184	8415.77	0.0032	234.81	180.01

4.12 卷边 Z 形冷弯型钢

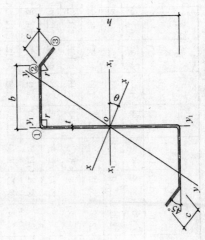

图 4-12 卷边 Z 形冷弯型钢

斜卷边 Z 形冷弯型钢的截面特性

表 4-12

序号	截面代号	截面尺寸 (mm)				截面面积 A (cm²)	质量 g (kg/m)	θ (°)	x_1-x_1		
		H	B	c	t				I_{x1} (cm⁴)	i_{x1} (cm)	W_{x1} (cm³)
1	Z140×2.0	140	50	20	2.0	5.392	4.233	21.986	162.065	5.482	23.152
2	Z140×2.2	140	50	20	2.2	5.909	4.638	21.998	176.813	5.470	25.259
3	Z140×2.5	140	50	20	2.5	6.676	5.240	22.018	198.446	5.452	28.349
4	Z160×2.0	160	60	20	2.0	6.192	4.861	22.104	246.830	6.313	30.854
5	Z160×2.2	160	60	20	2.2	6.789	5.329	22.113	269.592	6.302	33.699
6	Z160×2.5	160	60	20	2.5	7.676	6.025	22.128	303.090	6.284	37.886
7	Z180×2.0	180	70	20	2.0	6.992	5.489	22.185	356.620	7.141	39.624
8	Z180×2.2	180	70	20	2.2	7.669	6.020	22.193	389.835	7.130	43.315
9	Z180×2.5	180	70	20	2.5	8.676	6.810	22.205	438.835	7.112	48.759

序号	截面代号	截面尺寸 (mm)				截面面积 A (cm^2)	质量 g (kg/m)	θ (°)	x_1-x_1		
		H	B	c	t				I_{x1} (cm^4)	i_{x1} (cm)	W_{x1} (cm^3)
10	Z200×2.0	200	70	20	2.0	7.392	5.803	19.305	455.430	7.849	45.543
11	Z200×2.2	200	70	20	2.2	8.109	6.365	19.309	498.023	7.837	49.802
12	Z200×2.5	200	70	20	2.5	9.176	7.203	19.314	560.921	7.819	56.092
13	Z220×2.0	220	75	20	2.0	7.992	6.274	18.300	592.787	8.612	53.890
14	Z220×2.2	220	75	20	2.2	8.769	6.884	18.302	648.520	8.600	58.956
15	Z220×2.5	220	75	20	2.5	9.926	7.792	18.305	730.926	8.581	66.448
16	Z250×2.0	250	75	20	2.0	8.592	6.745	15.389	799.640	9.647	63.791
17	Z250×2.2	250	75	20	2.2	9.429	7.402	15.387	875.145	9.634	70.012
18	Z250×2.5	250	75	20	2.5	10.676	8.380	15.385	986.898	9.615	78.952

4.13 钢结构用高强度大六角头螺栓 (GB/T 1228—2006)

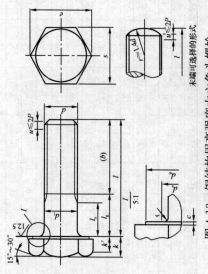

图 4-13 钢结构用高强度大六角头螺栓

钢结构用大六角头螺栓 (mm)

表 4-13

螺纹规格 d		M12	M16	M20	(M22)	M24	(M27)	M30
p		1.75	2	2.5	2.5	3	3	3.5
c	max	0.8	0.8	0.8	0.8	0.8	0.8	0.8
	min	0.4	0.4	0.4	0.4	0.4	0.4	0.4
d_a max		15.23	19.23	24.32	26.32	28.32	32.84	35.84
d_s	max	12.43	16.43	20.52	22.52	24.52	27.84	30.84
	min	11.57	15.57	19.48	21.48	23.48	26.16	29.16
d_w min		19.2	24.9	31.4	33.3	38.0	42.8	46.5
e min		22.78	29.56	37.29	39.55	45.20	50.85	55.37
k	公称	7.5	10	12.5	14	15	17	18.7
	max	7.95	10.75	13.40	14.90	15.90	17.90	19.75
	min	7.05	9.25	11.60	13.10	14.10	16.10	17.65
k' min		4.9	6.5	8.1	9.2	9.9	11.3	12.4
r min		1.0	1.0	1.5	1.5	1.5	2.0	2.0
s	max	21	27	34	36	41	46	50
	min	20.16	26.16	33	35	40	45	49

注：括号内的规格为第二选择系列。

螺纹规格 d	l		M12		M16		M20		(M22)		M24		(M27)		M30	
			无螺纹杆部长度 l_s 和夹紧长度 l_g													
公称	min	max	l_s min	l_g max	l_s min	l_g max	l_s min	l_g max	l_s min	l_g max	l_s min	l_g max	l_s min	l_g max	l_s min	l_g max
35	33.75	36.25	4.8	10												
40	38.75	41.25	9.8	15												
45	43.75	46.25	9.8	15	9	15										
50	48.75	51.25	14.8	20	14	20	7.5	15								
55	53.5	56.5	19.8	25	14	20	12.5	20	7.5	15						
60	58.5	61.5	24.8	30	19	25	17.5	25	12.5	20	6	15				
65	63.5	66.5	29.8	35	24	30	17.5	25	17.5	25	11	20	6	15		
70	68.5	71.5	34.8	40	29	35	22.5	30	17.5	25	16	25	11	20	4.5	15
75	73.5	76.5	39.8	45	34	40	27.5	35	22.5	30	16	25	16	25	9.5	20

无螺纹杆部长度 l_s 和夹紧长度 l_g

螺纹规格 d	l		M12		M16		M20		(M22)		M24		(M27)		M30	
公称	min	max	l_s min	l_g max	l_s min	l_g max	l_s min	l_g max	l_s min	l_g max	l_s min	l_g max	l_s min	l_g max	l_s min	l_g max
80	78.5	81.5			39	45	32.5	40	27.5	35	21	30	16	25	14.5	25
85	83.25	86.5			44	50	37.5	45	32.5	40	26	35	21	30	14.5	25
90	88.25	91.75			49	55	42.5	50	37.5	45	31	40	26	35	19.5	30
95	93.25	96.5			54	60	47.5	55	42.5	50	36	45	31	40	24.5	35
100	98.25	101.75			59	65	52.5	60	47.5	55	41	50	36	45	29.5	40
110	108.25	111.75			69	75	62.5	70	57.5	65	51	60	46	55	39.5	50
120	118.25	121.75			79	85	72.5	80	67.5	75	61	70	56	65	49.5	60
130	128	132			89	95	82.5	90	77.5	85	71	80	66	75	59.5	70
140	138	142					92.5	100	87.5	95	81	90	76	85	69.5	80
150	148	152					102.5	110	97.5	105	91	100	86	95	79.5	90
160	156	164					112.5	120	107.5	115	101	110	96	105	89.5	100

续表

螺纹规格 d	l		M12		M16		M20		(M22)		M24		(M27)		M30	
			无螺纹杆部长度 l_s 和夹紧长度 l_g													
公称	min	max	l_s min	l_g max	l_s min	l_g max	l_s min	l_g max	l_s min	l_g max	l_s min	l_g max	l_s min	l_g max	l_s min	l_g max
170	166	174							117.5	125	111	120	106	115	99.5	110
180	176	184							127.5	135	121	130	116	125	109.5	120
190	185.4	194.6							137.5	145	131	140	126	135	119.5	130
200	195.4	204.6							147.5	155	141	150	136	145	129.5	140
220	215.4	224.6							167.5	175	161	170	156	165	149.5	160
240	235.4	244.6									181	190	176	185	169.5	180
260	254.8	265.2											196	205	189.5	200

注1：括号内的规格为第二选择系列。

2：$l_{g max} = l_{公称} - b_{参考}$；

$l_{s min} = l_{g max} - 3P$。

第5章 钢结构工程围护系统及其他配件

5.1 花纹钢板

1. 花纹钢板的尺寸应符合下列规定：

基本厚度：2.5，3.0，3.5，4.0，4.5，5.0，5.5，6.0，7.0，8.0mm。

宽度：600～1800mm，按50mm进级。

长度：2000～12000mm，按100mm进级。

以上是一般厂家常规规格尺寸，经供需双方协议，也可按需求方要求的规格尺寸定型生产花纹钢板或成卷的花纹钢带。

2. 花纹钢板的花纹尺寸、外形

花纹钢板的花纹尺寸、外形及其分布，如图5-1所示。

3. 花纹钢板的基本厚度及允许偏差和理论重量

花纹钢板的基本厚度及允许偏差和理论重

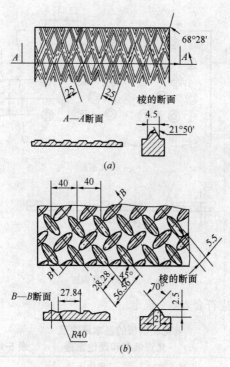

图 5-1　花纹钢板（一）

（a）菱形花纹钢板；（b）扁豆形花纹钢板

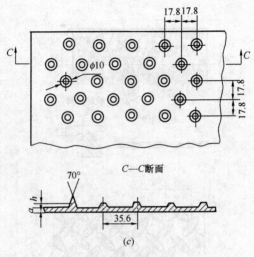

图 5-1 花纹钢板（二）

(c) 圆豆形花纹钢板

量应符合表 5-1 规定。

花纹钢板的基本厚度及
允许偏差和理论重量　　　　表 5-1

基本厚度	基本厚度允许偏差	理论重量（kg/m²）		
		菱形	扁豆	圆豆
2.5	±0.30	21.6	21.3	21.1

基本厚度	基本厚度允许偏差	理论重量（kg/m²）		
		菱形	扁豆	圆豆
3.0	±0.30	25.6	24.4	24.3
3.5	±0.30	29.5	28.4	28.3
4.0	±0.40	33.4	32.4	32.3
4.5	±0.40	37.3	36.4	36.2
5.0	+0.4 −0.5	42.3	40.5	40.2
5.5	+0.4 −0.5	46.2	44.3	44.1
6.0	+0.5 −0.6	50.1	48.4	48.1
7.0	+0.6 −0.7	59.0	52.6	52.4
8.0	+0.6 −0.8	66.8	56.4	56.2

5.2 高强度螺栓

高强度螺栓规格表，见表 5-2 所示。

高强度螺栓规格表　　　表 5-2

序号	规格	无扣长 （mm）	通过厚度 （mm）	单重 （kg）	备注
1	M16×80	30	36～40	0.308	
2	M16×85	30	36～40	0.317	
3	M16×90	35	36～40	0.325	
4	M20×75	30	36～40	0.541	
5	M20×85	30	36～40	0.563	
6	M20×90	35	36～40	0.576	
7	M20×95	40	36～50	0.589	
8	M20×100	45	40～50	0.602	
9	M24×90	30	36～40	0.918	
10	M24×95	30	36～40	0.939	
11	M24×100	40	35～50	0.959	
12	M24×120	45	35～50	1.032	
13	M24×130	50	36～50	1.069	

序号	规格	无扣长 (mm)	通过厚度 (mm)	单重 (kg)	备注
14	M27×90	35	36～50	0.785	
15	M27×100	35	36～50	0.880	
16	M27×115	40	36～40	0.950	
17	M27×120	40	36～50	0.980	
18	M27×130	45	36～50	1.030	
19	M30×100	45	36～50	1.380	
20	M30×110	45	36～50	1.440	
21	M30×120	40	36～50	1.500	
22	M30×130	40	36～50	1.550	
23	M30×140	50	45～60	1.610	
24	M30×150	60	45～60	1.951	
25	M30×170	65	50～80	2.069	
26	M30×180	70	50～80	2.127	
27	M36×115	40	36～50	1.848	
28	M36×120	40	36～50	2.360	
29	M36×130	45	36～50	2.440	

序号	规格	无扣长（mm）	通过厚度（mm）	单重（kg）	备注
30	M36×140	50	36～50	2.520	
31	M36×150	50	35～50	2.600	
32	M36×160	50	35～50	2.680	
33	M36×170	50	36～50	2.760	
34	M36×180	50	36～50	2.840	
35	M42×130	45	36～50	2.910	
36	M42×140	45	36～50	3.750	
37	M42×150	50	45～60	3.965	
38	M42×160	50	45～60	4.180	
39	M42×170	50	45～60	4.290	
40	M42×180	50	45～65	4.400	
41	M42×185	50	50～70	4.450	
42	M45×145	50	36～50	4.015	
43	M45×180	50	45～60	4.950	
44	M45×200	60	45～60	5.280	
45	M48×150	65	50～80	5.670	

序号	规格	无扣长 （mm）	通过厚度 （mm）	单重 （kg）	备注
46	M48×160	65	50～80	5.81	
47	M48×155	40	36～50	5.121	
48	M48×200	40	36～50	6.380	
49	M56×180	45	36～50	9.01	
50	M56×185	50	36～50	9.11	
51	M56×200	50	35～50	9.40	
52	M56×230	50	35～50	9.980	
53	M60×190	50	35～50	11.07	
54	M60×220	50	36～50	11.74	
55	M60×230	50	36～50	12.840	
56	M60×240	45	36～50	12.18	
57	M64×200	45	36～50	13.68	
58	M64×205	50	45～60	13.81	
59	M68×215	50	45～60	15.44	
60	M72×230	50	45～60	17.50	
61	M76×250	50	45～65	20.38	

5.3 普通螺栓

普通螺栓规格，见表 5-3 所示。

普通螺栓规格表　　　表 5-3

规格（直径×长度） （mm×mm）	每千个螺栓重量（kg）	
	不带螺母	带螺母
M10×30	29	40
M10×40	35	46
M10×50	41	52
M10×60	47	58
M12×30	41	57
M12×40	49	65
M12×50	58	74
M12×60	67	83
M12×70	76	92
M12×80	85	101
M14×40	69	94
M14×50	81	106
M14×60	93	118

规格（直径×长度） （mm×mm）	每千个螺栓重量（kg）	
	不带螺母	带螺母
M14×70	105	130
M14×80	117	142
M14×90	129	154
M16×40	92	126
M16×50	106	140
M16×60	122	156
M16×70	138	172
M16×80	154	188
M16×90	170	204
M16×100	185	219
M20×50	183	245
M20×60	205	267
M20×70	230	292
M20×80	255	317

规格（直径×长度）(mm×mm)	每千个螺栓重量（kg）	
	不带螺母	带螺母
M20×90	279	341
M20×100	304	366
M20×110	329	391
M20×120	354	416
M20×130	378	440
M22×60	250	326
M22×70	280	356
M22×80	310	386
M22×90	339	415
M22×100	369	445
M22×110	399	475
M22×120	429	505
M22×130	459	535
M22×140	489	565

规格（直径×长度）(mm×mm)	每千个螺栓重量（kg）	
	不带螺母	带螺母
M22×150	519	595
M22×160	548	624
M24×80	388	500
M24×90	424	536
M24×100	459	571
M24×110	495	607
M24×120	531	643
M24×130	566	678
M24×140	602	714
M24×150	637	749
M24×160	673	785
M27×80	519	687
M27×90	564	732
M27×100	609	777

规格（直径×长度）（mm×mm）	每千个螺栓重量（kg）	
	不带螺母	带螺母
M27×110	654	822
M27×120	699	867
M27×130	744	912
M27×140	789	957
M27×150	834	1002
M27×160	879	1047
M27×170	924	1092
M27×180	969	1137
M30×100	765	999
M30×110	820	1054
M30×120	875	1109
M30×130	931	1165
M30×140	986	1220
M30×150	1042	1276

规格（直径×长度） （mm×mm）	每千个螺栓重量（kg）	
	不带螺母	带螺母
M30×160	1098	1332
M30×170	1154	1388
M30×180	1210	1444
M30×190	1266	1500
M30×200	1322	1556
M30×210	1378	1612
M30×220	1434	1868
M36×110	1246	1617
M36×120	1326	1697
M36×130	1406	1777
M36×140	1486	1857
M36×150	1566	1937
M36×160	1646	2017
M36×170	1726	2097

规格（直径×长度） （mm×mm）	每千个螺栓重量（kg）	
	不带螺母	带螺母
M36×180	1806	2177
M36×190	1886	2257
M36×200	1966	2337
M36×210	2046	2417
M36×220	2126	2497
M36×230	2206	2577
M36×240	2286	2657
M42×150	2223	2822
M42×160	2332	2931
M42×170	2441	3040
M42×180	2550	3149
M42×190	2659	3258
M42×200	2768	3367
M42×210	2877	3476

规格（直径×长度）	每千个螺栓重量（kg）	
（mm×mm）	不带螺母	带螺母
M42×220	2986	3585
M42×230	3095	3694
M42×240	3204	3803
M42×250	3313	3912
M48×150	3005	3962
M48×160	3147	4104
M48×170	3289	4246
M48×180	3431	4388
M48×190	3573	4530
M48×200	3715	4672
M48×210	3857	4814
M48×220	3999	4956
M48×230	4141	5098
M48×240	4283	5240

规格（直径×长度）	每千个螺栓重量（kg）	
（mm×mm）	不带螺母	带螺母
M48×250	4432	5389
M48×260	4574	5531
M48×280	4858	5815
M48×300	5142	6099

5.4 单层彩钢板

1. V-820 型

如图 5-2、表 5-4 所示。

表 5-4

有效宽度（mm）	展开宽度（mm）	波高	波距	板厚	截面惯性矩（cm⁴/m）	截面抵抗矩（cm⁴/m）	用途
820/1025	1000/120	25/28	205	0.4	6.77	3.02	屋面板、墙面板
				0.6	9.58	4.82	
				0.8	12.77	6.39	

206

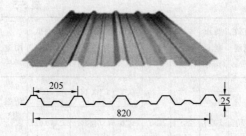

图 5-2 V-820 型彩钢板

2. HH-YXB750 型

如图 5-3、表 5-5 所示。

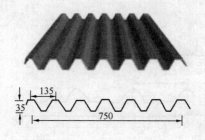

图 5-3 HH-YXB750 型彩钢板

表 5-5

有效宽度 (mm)	展开宽度 (mm)	波高	波距	板厚	截面惯性矩 (cm⁴/m)	截面抵抗矩 (cm⁴/m)	用途
750	1000	35	135	0.4	10.44	5.08	屋面板、墙面板
				0.6	13.85	7.48	
				0.8	18.83	10.00	

3. HH-YXB840 型

如图 5-4、表 5-6 所示。

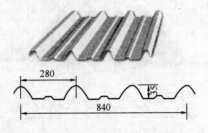

图 5-4　HH-YXB840 型彩钢板

表 5-6

有效宽度 (mm)	展开宽度 (mm)	波高	波距	板厚	截面惯性矩 (cm⁴/m)	截面抵抗矩 (cm⁴/m)	用途
840	1000	35	280	0.4	7.62	3.27	屋面板
				0.6	10.27	5.42	
				0.8	13.89	7.19	

4. HH-YXB990 型

如图 5-5、表 5-7 所示。

图 5-5　HH-YXB 990 型彩钢板

表 5-7

有效宽度 (mm)	展开宽度 (mm)	波高	波距	板厚	截面惯性矩 (cm⁴/m)	截面抵抗矩 (cm⁴/m)	用途
990	1200	35	255	0.4	5.30	2.82	屋面板、墙面板
				0.6	8.03	4.31	
				0.8	10.71	5.68	

由于加工成型机械设备的不同，彩钢板的型号目前没有全国的统一标准，在使用时大多采用行业的习惯表示方法，或参考生产厂家的表示方法。

所以，本手册仅对部分常用板型进行介绍，仅供参考。

5.5 彩钢夹芯板

1. 聚氨酯夹芯板

如图 5-6 所示。

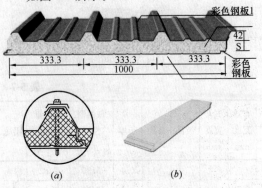

图 5-6 聚氨酯夹芯板

(a) 聚氨酯夹芯屋面板；(b) 聚氨酯夹芯墙面板

钢板厚度 0.4～0.7mm，板厚有 30、40、50、60、80、100mm，板长见设计。重量 10～14kg/m²。

2. 岩棉夹芯板

如图 5-7、表 5-8 所示。

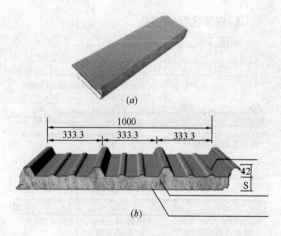

图 5-7　岩棉夹芯板

（a）岩棉夹芯屋面板；（b）岩棉夹芯墙面板

表 5-8

有效宽度	1000mm
厚度	50mm、60mm、80mm、100mm、120mm
长度	可根据设计要求及运输安装条件确定

3. 聚苯乙烯夹芯板

如图 5-8、表 5-9 所示。

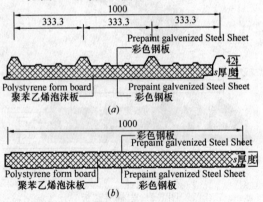

图 5-8 聚苯乙烯夹芯板

(a) 聚苯乙烯夹芯屋面板；(b) 聚苯乙烯夹芯墙面板

表 5-9

有效宽度	1000mm
厚度	50mm、60mm、80mm、100mm、120mm
长度	可根据设计要求及运输安装条件确定

参 考 文 献

1. 焦红. 钢结构工程计量与计价 [M]. 北京：中国建筑工业出版社，2005.

2. 中华人民共和国住房和城乡建设部. 建设工程工程量清单计价规范（GB 50500—2013）[S]. 北京：中国计划出版社，2013.

3. 《建设工程工程量清单计价规范》编制组. 建设工程工程量清单计价规范（GB 50500—2013）宣贯辅导材料 [M]. 北京：中国计划出版社，2013.

4. 焦红. 建筑工程概预算 [M]. 北京：机械工业出版社，2012.